「走る原発」エコカー

危ない水素社会

上岡直見

コモンズ

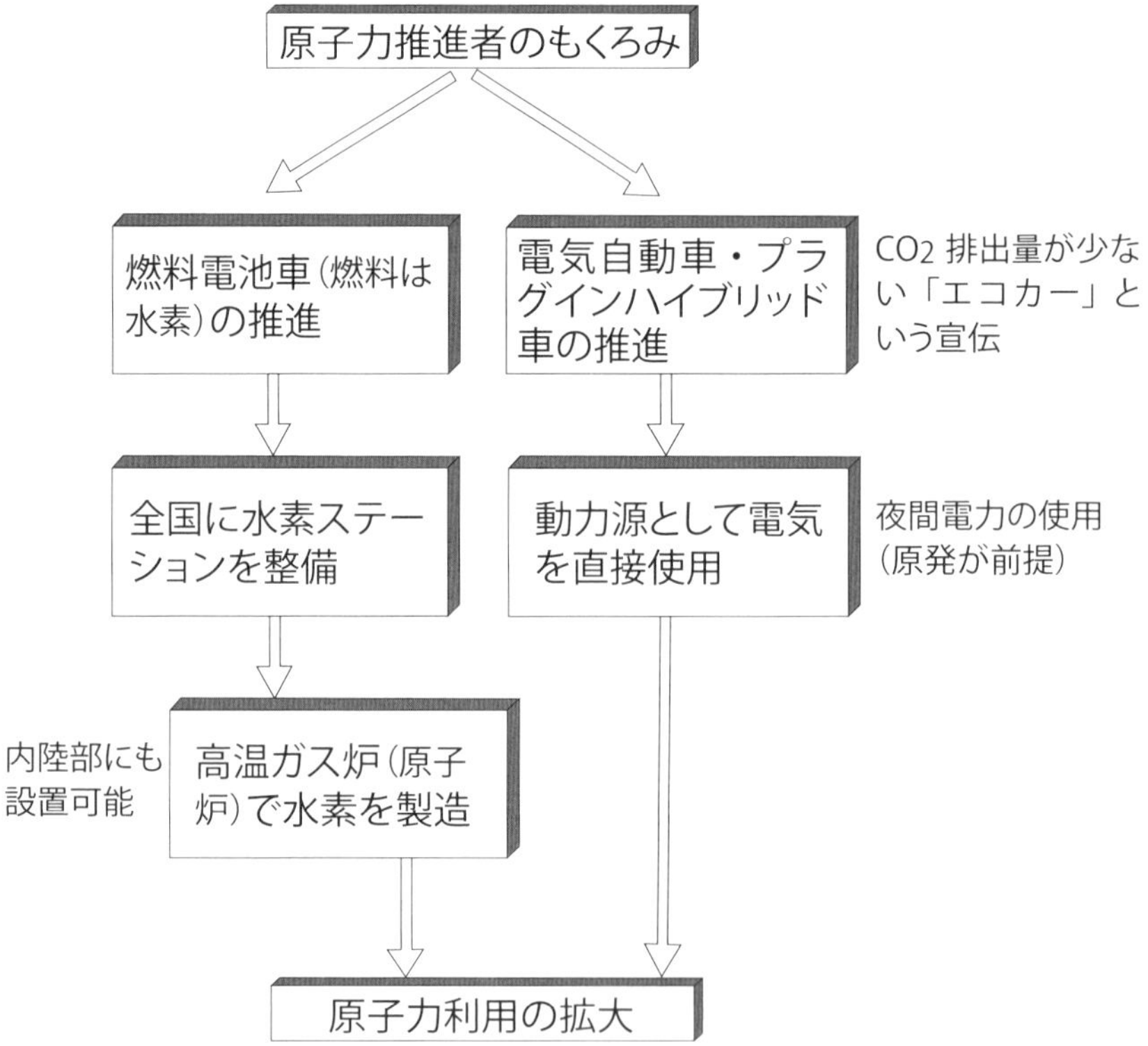

本書の主張8つのポイント

①燃料電池車も CO_2 を排出する（ガソリン車なみ）
②電気自動車は大量の電気を必要とする
③「エコカー」は補助金漬けだ
④「夢の水素社会」は原子力温存の戦略
⑤高温ガス炉の推進目的はプルトニウムの処理
⑥原子力施設立地に所得・雇用効果は乏しい
⑦エネルギーと経済の地産地消（自給率を高める）
⑧原子力水素にはトリチウムが混入する

はじめに

２０１５年1月15日に首相官邸で燃料電池車（トヨタ「ＭＩＲＡＩ」※）の試乗式が開催され、安倍晋三首相は自ら試乗するとともに、さまざまな規制を見直して水素のセルフスタンドを実現するなどの普及策に言及した。また、第１８９回国会（15年2月）の総理施政方針演説では、こう述べている。

「安倍内閣の規制改革によって、昨年、夢の水素社会への幕が開きました。全国に水素ステーションを整備し、燃料電池自動車の普及を加速させます」

燃料電池車は水素を燃料として使用し、走行時には温室効果ガス（ＣＯ$_2$）を排出せず、大気汚染物質の排出も少ないため、「究極のエコカー」と宣伝されている。安倍政権が掲げる「成長」戦略はおよそ国民の健康や環境への配慮が乏しい項目ばかりなのに、なぜ燃料電池車を強力に推進するのだろうか。自動車メーカーの新しいビジネスの開拓を支援する意図もあるだろうが、別の意図に注意を向ける必要がある。それは、燃料電池車が大量に普及し、あるいは本格的な水素社会になれば、その製造過程で原子力と結びつくからだ。

燃料となる水素は、高温ガス炉（第3章で詳述）という新形式の原子炉で製造するプロセスが提案されている。社会的に必需品である自動車と原子力を結びつければ、従来の電力としての需要のほかに、原子力からの脱却に抵抗する強力な手がかりとなる。高温ガス炉の開発は、東京電力福島第一原子力発電所の事故（以下「福島事故」）以前から行われている。民主党政権での第三次エネルギー基本計画（２０１０年6月）では高温ガス炉の項目が削除されたのに対して、自民党政権での第四次エネルギー基本計画（14年4月）では復活した。

高温ガス炉は水素の製造と発電に兼用できる。冷却機能を喪失しても放射性物質の大量放出に至らないこと、内陸部へも建設できるなど立地の制約が少ないことが特徴とされている。この点から原子力業界では輸出用として注目するとともに、国内での普及と実績づくりも目指している。従来も多くの自治体首長が原発の誘致に積極的あるいは容認であった経緯から類推すれば、「一県一原発」の事態にもなりかねない。

仮に高温ガス炉が軽水炉に比べて安全性が高いとしても、原子炉を運転すれば核分裂生成物が蓄積するという関係は軽水炉と変わらない。既存の軽水炉の使用済み燃料でさえ、処理が行き詰まっている。形状がまったく異なる高温ガス炉の使用済み燃料の処理方法は、新たに開発しなければならない。

一方で、原子力によらない水素の大量供給源として、海外の安価な化石燃料（低品質の石炭など）から水素を製造する方法も提案されている。しかし、この方法では製造段階でCO_2の発生が不可避である。そこで「CO_2を出さない」という見せかけのために、発生したCO_2を液化して地下や海底に投棄するCCS（Carbon Capture and Storage、二酸化炭素回収貯留）の導入が前提となっている。これでは本末転倒であるし、基幹的なエネルギーの海外依存という面でも改善になっていない。

また、高温ガス炉や「水素社会」のような調子のよい構想が本当に実現するのかという懸念もある。これには前例がある。

核燃料サイクルの構想のもとに計画された高速増殖炉（原型炉と称する「もんじゅ」）や六ヶ所再処理工場

（青森県）は、膨大な費用を投入しながら本格稼働の見通しが立っていない。高温ガス炉の実験炉（茨城県大《おお》洗《あらい》町）は、臨界を達成した後に各種の試験中である。『産経新聞』の記事では「完成」と称揚（第3章参照）しているが、これで完成なら「もんじゅ」も完成したことになる。むしろ、短期間とはいえ発電した「もんじゅ」に比べて、はるかに低いレベルにある。高温ガス炉や「水素社会」は、成功すれば原子力利用のさらなる拡大を意味する一方で、成功しなくても完成への幻想を掲げたまま止めるに止められない浪費が続く可能性も危惧される。

本書の第Ⅰ章では、エネルギー問題を軸に自動車と原子力の関連性を考える。燃料電池車の燃料である水素を大量に製造するためには、原子力の利用が不可欠となる。また、電気自動車やプラグインハイブリッド車（外部からの充電を併用するハイブリッド車）は電気を動力源として直接使用するから、大量に普及すればやはり原子力発電の促進につながる。さらに、在来のガソリン（ディーゼル）車も、走行時には電力を使っていないものの、製造過程では多くの電力を必要とする。すべての自動車は多かれ少なかれ「走る原発」の性格を持ち、自動車に依存した社会を続けるかぎり舞台裏で原子力社会を推進する要因の一つとなる。

第2章では水素に関する基本情報や製造法を紹介する。燃料電池車や水素社会の「夢」が語られるが、水素をどうやって作るのか情報が提供されないまま、「ゼロエミッション」「CO_2フリー」など安易な評価が飛び交っている。そこで、改めて水素そのものの基本を整理した。

第3章では、水素を大量に製造する場合に登場する原子炉である高温ガス炉について考える。実験炉で試運転された段階（福島事故以後に中断）であるが、第二次安倍政権のエネルギー基本計画では「成長戦略」

にも位置づけられた。それに呼応して、原子力関係者は理想的な原子炉であると評価し、再び「神話」を流布しようとしている。そもそも、福島事故の原因究明も不十分なまま各地の原発の再稼働を急ぐ関係者が「今度は大丈夫です」と主張しても、信憑性は低い。本章では、感情論でなく技術的な側面から高温ガス炉の危険性を考える。

ここまでの記述では、「あれもダメ、これもダメ」と否定的な印象を抱く読者があるかもしれない。そこで第4章では、原子力や自動車と経済の関係を数量的に分析しながら、人びとが安心して暮らせる社会に向かう提案を示した。高度成長期(日本では1970年代中ごろまで)には、経済全体をボトムアップすることで社会的・経済的格差の是正が行われた面もある。だが、現在はむしろ格差の拡大を是正できない構造に陥っている。原子力や自動車に代表される大量生産・大量消費社会を、看板を架け替えて今後も続けるという前提を設けるかぎり、どのような技術体系であれ遠からず破綻に至ることは避けられない。

なお、「仙人宣言」をして長野県に移住された小出裕章氏に無理をお願いして、高温ガス炉や水素、さらには原子力の行く末について、巻頭で対談させていただいた。長年にわたって小出氏から多くを学んだ市民の方々は「仙人になって何をしているの?」と気にかけているのではないだろうか。現在の暮らしについても語っていただいた。

※トヨタの燃料電池車について、報道では「ミライ」というカタカナ表記が多いが、メーカーの正式名称はローマ字で「MIRAI」である。

目次●走る原発「エコカー」

第2章 「夢の水素社会」は本当か？

第3章　原子力延命策としての高温ガス炉

対談●

誰のための燃料電池車・電気自動車なのか

小出裕章●こいでひろあき

1949年、東京都生まれ。東北大学工学部原子核工学科卒業後、同大学院修了。1974年4月から2015年3月まで京都大学原子炉実験所助手・助教。一貫して「原子力をやめることに役に立つ研究」を行い、反原発運動の理論的支柱として活動してきた。著書に、『原発のウソ』(扶桑社新書、2011年)、『放射能汚染の現実を超えて』(河出書房新社、2011年)、『隠される原子力　核の真実』(創史社、2011年)など。

上岡直見●かみおかなおみ

■退職の翌日に松本へ■

上岡　松本へいつ移住されたのですか？　また、その理由は？

小出　今年の3月31日まで京都大学原子炉実験所で41年間働き、4月1日に松本市に転居してきました。原子炉実験所は京都大学の施設ですが、京都の街中にはない。原子炉があるからです。かつて京大教養部のキャンパスがあった宇治市をはじめ各地で用地探しをしましたが、どこからも断られる。こうして最後に流れ着いたのが、和歌山県に近い大阪府泉南郡熊取町でした。

私は暑さが何よりも苦手なのですが、とても暑いところです。とはいえ、私を雇ってくれる職場が原子炉実験所しかなかったので、涼しいところで暮らしたいとずっと思いながら、仕方なく住んでいました。でも、京都大学との雇用関係が切れれば、熊取町に住む理由はありません。私もつれあいも東京生まれの東京育ちで、ふつうならば故郷に帰るという選択があったのかもしれませんけれども、私はいまの東京が大嫌いなのです。

私や上岡さんが子どものころの東京は、いい街だったと思います。私は上野と浅草の真ん中あたりで生まれて育ちました。いわゆる江戸の下町です。半径100メートルの円を描くと、八百屋も肉屋も乾物屋も酒屋もあり、すべての生活が完結できたが、東京オリンピックで激変しました。道路には車があふれるようになり、子どもは締め出され、しかも高速道路が日本橋の上を走る。なんとおろかなことをするかと思い、こんな街には絶対住まないと決めました。

もっと地域で自立できるようなまちづくりをしなくてはならない。食べ物はみんな外から持ってくるようなあり方は間違っています。だから、地方がいい。ただ、原子力の場で、大学で生きてきた人間が、いまから百姓になれるかというと、たぶんできないだろうと思いました。また、これから、だんだん年を取っていくのだから、それなりに生きていくことができるだけの生活環境がなければいけない。
　涼しくて、小さな都会で、文化的なものもあり、さらに私が好きな山と温泉があるところはどこだろうなと探した結果、松本市が一番ということになりました。それと、上岡さんはご存知でしょうけれど、松本市長。

上岡　はい。菅谷《すげのや》昭さんですね。

小出　そう。彼とは昔からの知り合いで、チェルノブイリ原発事故の医療支援はじめ、とても優れた人です。そういう人物を市長として選ぶ市民がいる。全国的に見ると、自民党が選挙で勝ってしまうようなまことに腐った国だと思いますが、松本にはまだきちっとした人たちが生きていると思いました。それで、数年前から松本に行こうと決めて、準備を少しずつ進め、定年退職の翌日から暮らしています。たいへん快適な街です。

小出裕章氏

上岡　カーフリーデーを実施し、できるだけ車に依存しない生活をしようという活動もされています。

小出　はい、それも菅谷さんの功績です。ただし、車が多く、渋滞もけっこうあります。でも、私はふだん自転車で動いています。家はまちはずれですけど、10分くらいで市街地まで来られる。この程度の規模で、まちづくりを進めていくのがいい。健康第一のまちづくりなど、彼はいろいろなアイディアを出しています。

■仙人宣言■

上岡　先生は、移住して「仙人になる」と宣言されたとうかがいました。仙人になって何をされているんだろうと多くの人たちが気にしていると思いますが……。

小出　定年退職というのは単に京都大学と私との雇用関係が切れるというだけであって、社会的な制度のひとつにすぎません。私という人間にとっては、大したことではない。ただし、それなりに年を取ったという証です。これからだんだん老いていくことも避けられません。

この4年間は、東京電力福島第一原子力発電所の事故に向き合うことで追われて、自分の時間はまったくなく生きてきました。私しかやらない、私でなければできない仕事を厳選して――前からもそうですけど――、とくにこの4年間は生きてきたつもりです。今後は老いを自覚しながら、もっと厳選していって、少しずつ退いていきたい。まだまだ私でなければできない、私しかしないという仕事はありますので、簡単には仙人になれないと思っています。でも、いままで以上に厳選していく。

これまでは京都大学原子炉実験所という特殊な職場にいて、放射線測定器など山ほど自由に使える立場で、普通の人たちにはできない仕事が私にはありました。その職場は失ったわけですから、そういう仕事はもう、やりたくても担うことすらできない。それを削り落とし、残っているもので厳選して少しずつ減らしていこうと思っています。

仕事を引き受ける基準は3つです。敵地、現地、若い人。原発推進陣営との対決や福島の現場には積極的に出ていきます。それから、未来を担う若い人たちからのお誘いには応えていくつもりです。

■原発延命策としての燃料電池車・電気自動車■

上岡　私も以前から原発に反対でしたし、いずれ過酷事故が起こるとは思っていました。でも、3基も爆発し、スリーマイル事故をはるかに超える事態になるとまでは想定しておらず、認識が甘かったなと考えています。

それから4年が経って、全体の状況としては、福島事故はなかったことにして元に戻ろうという動きが残念ながら出てきている。そのなかで、エネルギーの使い方を通じて原子力と交通、とりわけ自動車にかなり深い関係があるはずなのに、その点を論じる人が少ないことに気がつきました。そこで、長く自動車問題に取り組んできた私がまとめておいたほうがいいと思い、この本を企画したわけです。

まず、燃料電池車。２０１３年から、安倍首相が先頭に立って盛んに宣伝をしている。背後に、推進したい勢力があるんだと思います。燃料電池車のエネルギー源は水素です。水素をどう作るかについて、依然として原料が水だから無尽蔵であるという神話がある。でも、いまは化石燃料から作っている。

一方で、福島事故の10年ぐらい前から、「電力需要が先進国では頭打ちになるので、次は水素だ」というシナリオを描いている人びとがいることがわかってきました。水素と原子力を結びつけて、高温ガス炉の開発を推進しようとしているのです。

筆者

また、電気自動車については福島事故直後の２０１１年夏から、盛んに宣伝する人びとがいました。あれだけ計画停電とか騒いでいたときに、電気自動車でますます電気を使う。これもまた、原発と強い関係があるのではないかと考えました。

小出　この本のゲラを読ませていただきましたが、ご指摘のとおりです。私も水素エネルギーなんてインチキだし、水素を高温ガス炉で作り出して原子力を復活させるなんて本当にばかげていると思ってきました。それについて詳しいデータをつけて、こうして一冊にまとめてくださったわけですから、感謝します。ありがとうございました。

燃料電池に期待するという人は山ほどいて、原子力に反対する人たちのなかにも、「原子力はダメだけれど、これからは水素社会だ」と発言する人たちはいたし、いまでもいると思います。しかし、そんなことは決してない。

どうやって水素を作るのかといえば、原料は化石燃料であったり、水の電気分解だったりする。化石燃料は天然に存在していて、それ自体が燃料になります。でも、水素は天然には水素として存在していない。化石燃料を改質したりして生み出さなければならない。つまり二次エネルギーです。あるいは水を電気分解する場合には、何らかの燃料で発電し、その電気を使うというのですから、二次エネルギーと呼ぶよりももっと迂遠生産です。そんなことに期待をかけることそのものが間違っていると私は思ってきました。

　また、高温ガス炉は数十年前から構想されていて、１０００℃近い温度が実現できれば水素ができると宣伝されてきましたが、私はずっと苦々しく思っていました。水素エネルギー自身がまやかしなわけですし、そのうえに水素を作るのに原子力を使おうなんて最悪の選択です。

　車の問題について言えば、たしかにガソリン車やディーゼル車は環境に悪い。でも、それを電気自動車にすればいいのかといえば、そうではない。電気をどこから持ってくるのか。ずっと上岡さんが問題提起されてきたように、車社会そのものを問わなければなりません。電気をエネルギー源にすればいいというのは、まったく間違っています。

上岡　安倍政権はなぜ、燃料電池車や「夢の水素社会」に熱心なのだと小出さんは考えられますか？

小出　それは、上岡さんがご指摘のように原子力と結びつけたいからです。日本の屋台骨を背負うような三菱や日立、東芝を筆頭としたメーカーが生き延びるための巨大な儲けに直結しているということだと思います。

上岡　安倍さん自身がそこまでの企画力はないと思うんですが、どのような組織で実行しているんでしょうね。

小出　日本では三菱がウェスチングハウス社と組んでＰＷＲ（加圧水型原子炉）を進め、日立と東芝がゼネラル・エレクトリック社と組んでＢＷＲ（沸騰水型原子炉）を進めてきました。彼らが巨大な儲けの機会を生み出してきたのが、原子力発電だったと思います。水素社会というのも、そういう巨大産業が中心となって構想をつくっているんでしょう。

■高温ガス炉は技術的に成り立たない■

上岡　現時点で国内に実在する高温ガス炉は、茨城県大洗《おおあらい》町の試験研究炉だけです。それも、ただ臨界に達して、1000℃の温度が得られたというだけで、その後は使われていない。その技術的な問題点や将来性については、いかがでしょうか。

小出　まず原理的なことからお話しします。最初にできた原子炉はBWRで、実に単純な構造です。ウランの核分裂の連鎖反応を起こし、反応が抑制されて温度が下がると、今度はまた反応が促進する方向になる。また温度が高くなると反応を抑制する側にまわり、温度が冷えると反応が進み、完璧な自動運転ができるという原子炉です。

1999年に茨城県東海村のJCOという核燃料工場で、臨界事故が起きたのを皆さん覚えているでしょう。沈殿槽の中でウランの核分裂連鎖反応が発生し、ほぼ一晩続きました。その間、沈殿槽自体が原子炉となって、ずっと自動運転で動いていたのです。最後はどうしたかというと、反射材になっていたジャケットの水を抜いて、自動運転していた原子炉を止めました。

ものを冷やすという能力にかけては水が最高の物質です。しかも、水は透明なうえ、放射線を浴びても、ほとんど放射化しません。トリチウムができたりするので、ゼロではありませんが、他の物質に比べればはるかに放射化の程度は少ない。だから、今日まで造られてきた原子炉の約8割は、水で冷やすタイプの軽水炉、つまりBWRとPWRです。それが技術的に適していた。日本の第一号原子炉の東海原子力発電所は炭酸ガスで冷やすガス炉でしたけれど、淘汰されて、いまこの形式はありません。

高温ガス炉はヘリウムというガスで冷やすわけですが、そもそもヘリウムは希少資源です。そして、従来の原子炉ではたかだか300数十℃の水を利用していましたし、最近の火力発電所でも５００℃程度の水を利用しているにすぎません。しかし、高温ガス炉では１０００℃もの高温のヘリウムを循環させます。それに耐える材料も探さなければならない。軽水炉すら大きな事故を起こしたのですから。高温ガス炉なんて到底できない。私はそう思います。

上岡　１９６０年代から、世界で10基弱の高温ガス炉の試験炉がありました。でも、いずれも現在は動いていません。

小出　技術的にみて、冷却材に水を使う原子炉が一番可能性があったから、生き延びてきたわけです。それ以外の原子炉が成り立つ技術的な根拠はないと思うべきでしょう。

上岡　福島の事故は大変な結果になりましたが、それでも、やみくもにでも水を入れればなんとか冷やすことができた。海水も使えた。一方ヘリウムになると、備蓄していたものを使ってしまえば、おしまいですね。

小出　おしまいです。水なら、溜まるところがあれば溜まってくれるけれど、ヘリウムは話になりません。事故になったら、手の打ちようがない。

■遮水壁を張りめぐらして汚染の拡散を防ぐ■

上岡　改めてよくわかりました。ところで、この本のテーマからは少しずれますが、福島事故をどう収束させるかについて、多くの人たちが気にかけています。水をかける作業を続けているかぎり、汚染水が増えるばかりです。現在は原子炉の運転停止後に核分裂生成物が発生する崩壊熱もだいぶ下がってきたので、極端に言えば埋めてしまうほうがいいんじゃないかと思います。その点はいかがですか。

小出　先ほどお話ししたように、水は最高の冷却材ですから、事故直後、崩壊熱が猛烈に多かった時点では、水を入れる以外には手段がないと、私は思いました。水がないなら海水でもいい、仮に海水がないなら泥水でもいいから、とにかく水をかけてくれと思っていました。

でも、いまでは、当初の崩壊熱が約100分の1に減っています。たぶん1号機、2号機、3号機とも数百kW程度の発熱量しかないはずです。だから、水でなくてもいい。水をかけてしまえば、その水が放射能汚染水になることは避けられない。現に、手の打ちようがないほど溜まり、あふれてしまっている。水での冷却はやめるべきだと、2年前から私は言っています。ところが、この国の政府は腐りきっていて、事故に対する対策がどんどん遅れている。

埋めてしまうのはダメかもしれないけれど、空冷でいける可能性もあると思います。自動車のエンジンは基本的に水冷ですが、オートバイのエンジンは空冷です。発熱が少なければ、冷却に必ずしも水を使わなくても済みます。格納容器の外壁にブロワーで空気を吹き付けるなど、何らかの方策を取れば、数百kW程度の発熱を除去できるはずです。

上岡　地上部分はそれでいいんですが、地下にもぐってしまったところについては、地下水と触れることを物理的に避ける方法はないと思う。もぐってしまったところは、どうすればいいんでしょうか。

小出　もぐっているかどうかに関しては、よくわかりません。もぐっているかもしれないし、国や東京電力が言っているように、格納容器の中に全量に近いものがまだ残っているかもしれない。誰にもわからないという状況です。

いずれにせよ、私は上岡さんが指摘されたことを事故直後から心配していました。地下に熔け落ちた炉心がもぐっていってしまうと、地下水と接触する。そうなると、汚染の拡散を防止できなくなるので、熔け落ちた炉心と地下水の接触を絶たなければいけません。そのためには、原子炉建屋周辺の地下に遮水壁を張りめぐらす必要があると、2011年5月に提案しました。

ところが東京電力は、私が提案した遮水壁を造ろうとすると1000億円のお金がかかるので、6月の株主総会を乗り越えられないという理由で、この案を葬り去ってしまったのです。その後、国も東京電力も手をこまねいているだけでしたが、ようやく

2年ほど前に、やはり遮水壁が必要だということになりました。そして、彼らは凍土壁というものを造ると言ったんですね。1mごとにパイプを打ち込み、パイプの中に冷媒を流して周囲の土をアイスキャンディーのように凍らせていき、両方のアイスキャンディーが太くなってくっつけばそこに壁ができる、というような構想です。これは、トンネル工事などで地下水が噴き出してきたときの対策として実績はあります。

しかし、福島の場合は、深さ30m、長さ1・5㎞の壁を造らなければいけない。私は全部が凍ることはないだろうと思います。仮に凍ったとしても、冷媒の流れが止まったら壁が一挙に崩れてしまう。停電したら冷媒は流れないし、パイプの破損や詰まる可能性もある。何年も維持できる道理がないわけであって、結局は別のきちっとした遮水壁を造るしかなくなると思います。

でも、彼らからみると、これが一番うまい手段なのです。いま凍土壁を請け負っているのは鹿島建設で、費用は320億円です。国がその金を出す。やってみてうまくできなければ、別の遮水壁を造ることになる。そこで、別のゼネコンが出てきて、数百億円か数千億円かせしめて、次の遮水壁を造ることになる。ゼネコンは原子力発電所の建設で儲けて、いまは除染作業や事故処理作業で、一番の元請け会社として、どんどん金を吸い取って、ピンハネして下請けにまわしている。さらに、遮水壁でまた儲けるという構造になっています。まことに腹立たしいのですけれども、その流れをいま止められない状態です。

■使用済み核燃料をどうするのか■

上岡　今後、原発を廃絶する際にも、使用済み燃料をどうするかが非常に悩ましいところです。2~3年は水に漬けておくしかないと思いますが、その先はどうなんでしょうか。

小出　使用済み燃料の中からプルトニウムを取り出

して、それを原子炉の燃料に使うというのが、これまでの国の方針です。そのためには再処理という作業がどうしても必要になる。猛毒の使用済み燃料からプルトニウムだけを取り出す作業です。最初は長崎原爆を造るために必要という理由から米国で始められ、その他の核兵器保有国も行ってきました。いずれも、再処理工場の周囲で猛烈な環境汚染を引き起こしています。軍事的な目的のためには経済性も安全性も無視できるという鉄則があるので、成り立ったわけです。

日本では第二次世界大戦当時、東大・京大・阪大・理化学研究所で原爆の研究をやっていましたが、戦後日本に踏み込んできた米軍は、これらをすべて潰しました。だから、日本は原子力の後進国になり、再処理もできなかったのです。でも、プルトニウムが欲しいということで、フランスの支援で東海村に実験用の再処理工場を１９７０年代に建設し、さらに技術を学んで、青森県六ヶ所村に再処理工場を造りました。それが事故続きで稼働していないのは、皆さんご存知でしょう。

原子力発電所自体はどんどん動かしてきたわけですから、使用済み燃料は溜まる一方です。日本では再処理する力がないわけですから、その一部はイギリスとフランスの再処理工場に送って再処理してもらってきました。取り出したプルトニウムはすでに47トンです。長崎原爆を造るとすると４０００発もできてしまうほど大量のプルトニウムを、日本はすでに懐に入れています。プルトニウムを取り出した残りは両国で核分裂生成物として分離して、ガラス固化体にしました。それが次々と日本に戻ってきています。すでに１５００本分くらい戻ってきて、六ヶ所村の高レベル放射性廃棄物貯蔵管理センターに貯蔵されている。

国と青森県の約束では、50年経ったら運び出すという約束になっていて、すでに20年は経っています。どんどんタイムリミットが近づいてきているわけです。国としては、イギリスとフランスから戻ってきたものをどこかに移動させなければいけない。

そこで、地中に埋設するという案をつくったけれど、受け入れようという市町村はありません。

この間、原子力発電所が生み出してきた核分裂生成物の量は、広島原爆に換算すると１２０万～１３０万発分もあります。これまで、市町村から「引き受けます」という形で手を挙げさせて、いかにも民主的だというポーズをとろうとしてきたわけですが、それがダメだということになって、国が主導して指定しようとしている。それは、国の焦りを表しているのです。

しかし、私は地中への埋設をやってはいけないと主張してきました。なぜかというと、埋め捨てにして、そこに10万年とか１００万年とかじっとしていてくれというのは、あまりにばかげているからです。そんな長期間を保証できる科学はありません。

２年ほど前に原子力委員会からの諮問を受けた日本学術会議も、そうしたやり方はゼロに戻って考え直すべきだという答申を出しました。私からみると当たり前の答申だったけれど、国は「学者の国会」とも言われる日本学術会議の答申も無視して、いままでどおり埋め捨てをしようとしています。

では、この核のごみをどうしたらいいのかと問われると、私もわかりません。私は、生み出してしまったごみの始末の方法がわからないのだから、原子力はやってはいけないとずっと言ってきました。

とはいえ、この核のごみをどうするかを考えなければならない。私たちの黒い目で見えるところに保管するしかないだろうと思っています。

上岡さんが正しくご指摘くださったけれど、使用済み燃料になった当初は、発熱量が多いので水冷するしかありません。ですから、使用済み燃料プールの底に沈めている。けれども、プールの水が抜けたらどうなるのかなんていう心配を重ねながら長い期間はできません。崩壊熱が減った段階で、空冷にするしかないと思います。放射線を遮蔽《しゃへい》し、放射性物質の漏洩を防ぐために金属製やコンクリート製のキャスクという容器に入れて、空冷で保管するという方法がすでにあります。これからいい方法が生まれることを期待しながら、監視していくしかないでしょう。

ただし、そのときに念を押しておきたいことが一つあります。その置き場を、いままでのように過疎地に押し付けてはいけません。都会に造るべきです。東京電力の本社ビルの地下でもいいし、関西電力の本社ビルの地下でもいい。コンクリート製の置き場を造ればいいわけですから、どこでもできる。

上岡　都会で引き受けるべきだと主張しています。

保管プール自体があと数年で満杯で、関西電力は京都府に設置しようとしているという話も聞きました。

小出　東京電力と日本原電（日本原子力発電株式会社）が青森県むつ市に使用済み燃料燃料貯蔵センターを造りました。建物はほぼ完成していると思いますが、福島事故もあったために、審査が止まっていて、稼働はしていません。おっしゃるように、使用済み燃料の保管プールはまもなく満杯です。幸か不幸か、福島事故以降は原子力発電所が動いていないけれど、再稼動になればすぐにあふれて、運転そのものができなくなってしまいます。

関西電力はかなり前から、京都府や和歌山県で適地を探しているという話があるし、九州電力の管轄で探しているという噂も聞きました。どこかには造らなければならないという時が刻々と迫っているという状態です。

避難への圧力、災害弱者の切り捨て

上岡　先ほど小出さんは、ゼネコンのいわば事故ビジネスについてふれられました。報道されたところによると、避難ビジネスまで始めているようです。フランスの原子力企業アレヴァや三菱重工の関連会社がエアシェルターを提供しています。平常時は畳んであり、使用時は空気供給装置に接続して広げるテント状のものです。

また最近、福島県からの自主避難者の住宅補助を打ち切るという話が出ていますが、調べてみると、これは戦時中の防空法と酷似した発想です。敗戦直前の1945年7月末に青森大空襲があり、かなりの市民が犠牲になっています。その2週間くらい前に、米軍の艦載機が青函連絡船を攻撃したので、青森市の人たちは危険を察知して郊外や山の中に自主避難をしました。ところが、市や軍が「避難はまかりならん。防空法で禁じられている」と言い、避難者には配給を打ち切るという圧力をかけて、強制的に市内に戻したそうです。そこに空襲があって大きな被害が出ました。

当時の配給を現在の住宅に、またバケツリレーを除染に置き換えてみると、まさに戦時中の防空法の発想だと思うんですね。進歩していないというか、学んでいないという気がしてなりません。

小出　そのとおりですね。同時に、避難をすることが困難な災害弱者がいつでもいます。福島事故のときも、そういう人たちが真っ先に亡くなりました。原発事故が起きたときの避難計画については各自治体がたてることになっていますが、丸投げされた自治体に避難計画ができる道理がない。災害弱者を切り捨てるしかないということだと思います。避難計画がたてられないような施設は、それだけの理由でやってはいけないし、再稼働もさせるべきでないと思います。

知識と知恵

上岡　技術者は必ずしも人命や健康を無視して経済性ばかり追求してきたわけではなく、目の前にあることを真面目にやっているという側面もあります。しかし、その集積が今回の事故を招いた。じゃあ、外国は違うかといえば、フランスでもイギリスでも同様だと思います。どうすれば、そこにチェック機能を設けられるのでしょうか。

小出　難しいですね。いい案があれば教えてほしいと思いますが、やっぱり人間が賢くならなければいけないと思います。

たとえば、科学技術に関する知識量は膨大に増えてきたけれども、その知識をどうやって使うか、あるいは使わないですますかということは、知識の集積とは別の問題です。言ってみれば知恵とか英知とかいう言葉で表す領域だと思うのですが、こちらは進歩していない。１０００年前、５０００年前と比べてもほとんど進歩せずに、知識だけが増えてしまったと思います。

でも、それでは滅びるしかない。新しい知識やエネルギーを得れば人間が幸せになれるというような発想自体を考え直すことが、本当は必要だと思います。ただし、難しい問題です。一番簡単に言うなら教育だろうと思います。人びとの物の考え方そのものを一からつくり直す。でも、自民党が政権を握っている間はひどい教科書ばかりですから、このままではたぶんダメでしょう。

上岡　私は化学プラントの仕事をしていて、欧米のエンジニアと接する機会がありました。ひとくくりにはできませんが、彼らのほうがそれなりに論理的な考え方についての教育を受けているような気がします。日本人はノウハウ的なことは詳しいけれど、論理的な考え方は弱い。日本の科学技術が世界一と言っているけれども、決してそんなことはないと思います。

小出　さきほど私は、日本は原子力後進国だと言いましたが、言ってみれば科学技術全体が後進国です。科学技術立国ということ自身が幻であるということを、日本人はちゃんと認識しなければいけない。

都市のあり方を考え直す

上岡　福島事故があったから仕方ないかもしれませんけれど、原子力を推進するにしても反対するにしても、電気を作る話ばかりになっていて、効率的な使い方についてあまり論じられていません。本書の第1章でも書いたように、いま捨てている損失分を少し改善するだけでも、同じ目的に対して必要とする一次エネルギーを大きく節減し、原子力を不要とすることができるということも、よく知られていない。再生エネルギーを拡大するにしても、その前提は省エネと効率改善だと思います。

小出　はい。エネルギー効率を改善するということでしょうね。原子力なんて最低ですよね。蒸気機関としての発電効率が33％しかない。67％も捨てるしかない設備がいまだに動いていること自身が異常です。新しい火力発電は50％を超えています。

私はそのうえで、エネルギー消費量を減らさなければいけないと考えています。日本人は一人あたり世界平均の2倍から2・5倍のエネルギーを使っている。それで、いまのような車社会を維持して、豊かになったかのように思っているようです。それ自身が間違いです。こんなことを続けていたら、地球の生命環境が持つ道理がない。

もっともっとエネルギー消費量を少なくしても豊かに生きられる社会を創らなければならないのであって、新しいエネルギーを見つけるという議論自身が間違いです。その意味で言うと、最初にお話ししましたが、都市のつくり方、国土のつくり方から考え直す必要があります。

上岡　「住めば都《みやこ》」という言葉があります。本来「都」は快適なところのはずだったのに、いまの都市は汚染とエネルギー消費の塊になってしまいました。やはり都市の構造がおかしいということですかね。

小出　おかしいと思います。東京のような街は、本当に異常としか私には思えない。自立がまったくできないじゃないですか。食べ物はひたすら外から入れて、ごみは外へ捨てるしか生き延びられない。そんな街はダメだと思います。松本程度の規模で、それなりに自立できる地域を全国に展開していくという国土づくりをしなければいけません。

上岡　ありがとうございました。

第1章

燃料電池車・電気自動車と原子力の深い関係

「究極のエコカー」の正体は?

燃料電池車は水素を燃料とし、車両から水しか排出しないので、「究極のエコカー」であるとされている。また、発電用や家庭用に水素の用途を拡大する「水素社会」も夢のように語られている。しかし、その水素をどのように作るのだろうか。全体システムとして本当に「エコ」なのかを冷静に見極めなければならない。日本のエネルギーの流れの上流から下流まで、すなわち「作り方」から「使い方」までの需給全体の姿を把握して議論すべきである。たとえば原子力関係者は、福島事故前(この例では2002年)から次のような見解を示している。

「原子力の有用性を世界的に見直す動きが盛んであるが、必ずしも明確に答えられていない問いは、「ところで一体、原子力を何に使うのか?」ということである。現状で想定される解は、電力用途ということであるが、炉寿命に伴う置き換え分を除けば、主な先進国では、電力用途はほぼ飽和状態にあるという見方もできる。しかし、このような見方は、近未来に大きく変わる可能性がある。つまり、21世紀には世界的に水素の需要が大きく伸びていくと予想される状況があり、水素製造エネルギー源として、原子力に大いなる可能性があるのである」(日本原子力産業協会・原子力システム研究懇話会「原子力による水素エネルギー」2002年6月)

先進国では電力用途の増加が見込めないという認識のもとで原子力を推進する理由は不可解であるが、その一つの道筋は水素製造用である。また、電気自動車は直接的に電力を使用するから、新たな電力用途

図1　自動車用のエネルギーの流れ

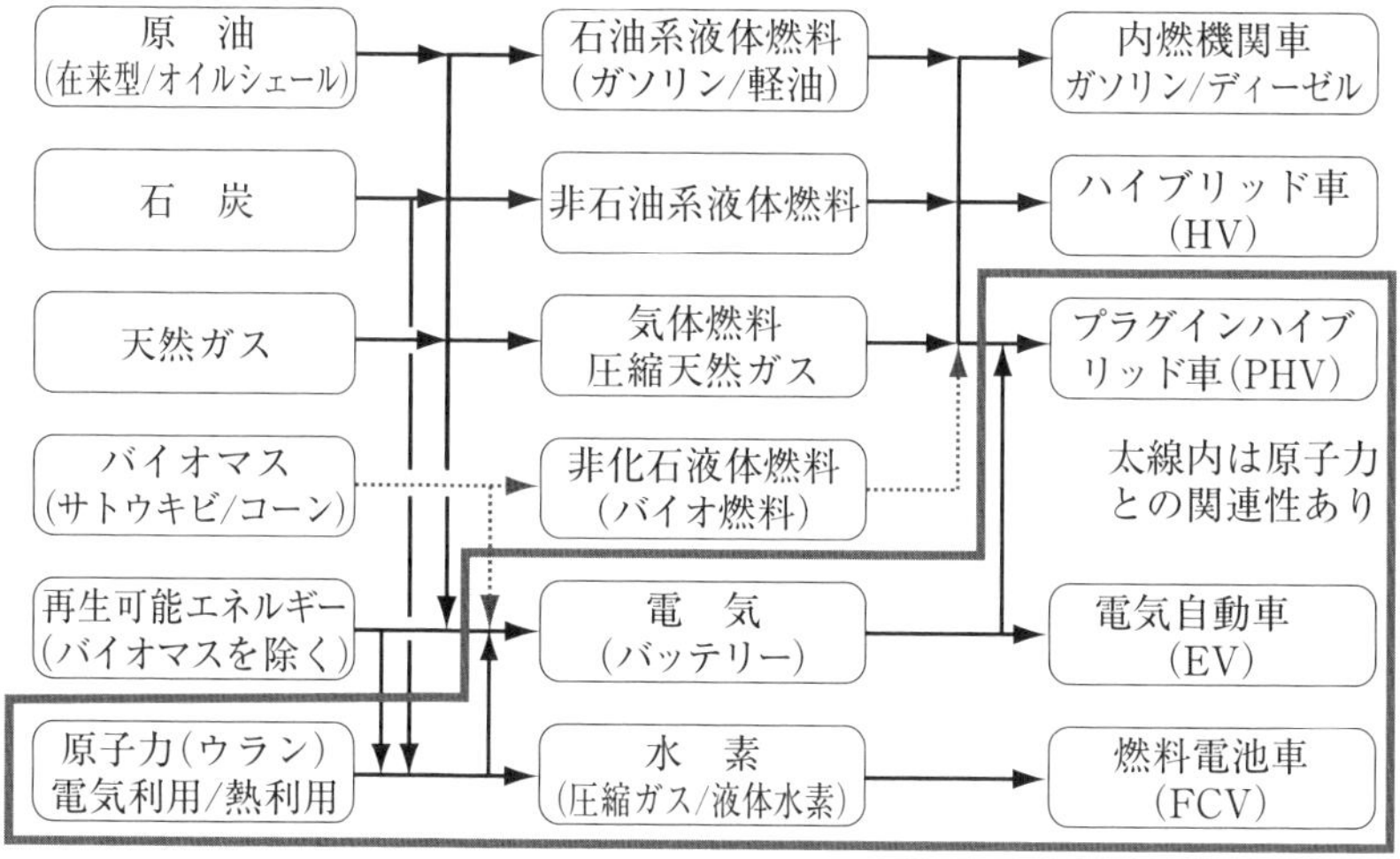

(注) 点線の流れは、国内では限定的あるいは現実的でないもの。
(出典) 各種資料より筆者作成。

の開発につながる。自動車は現代社会では必需品であり、公共交通が発達した大都市圏以外では、容易に他の手段に代替できない。この関係から、原子力と自動車を結びつければ脱原発に対する強力な抵抗手段となるであろう。

いまのところ原発と自動車の関連は、製造業のエネルギー源として電力が必要という間接的な結びつきであり、福島事故以後に商用原発の稼働がごく少数あるいはゼロになっても自動車の製造が停止したわけではない。だが、自動車の走行用エネルギーが原子力と関連づけられると、原発と自動車の結びつきは使用段階において一層強固となり、原子力からの転換を妨げる強い要因となるだろう。

各電力会社は原子力発電所の再稼働を推進している一方で、2015年3月には関西電力の美浜1・2号機、日本原子力発電の敦賀1号機、九州電力の玄海1号機、中国電力の島根1号機の計5基の廃炉が発表された。しかし、これは必ずしも方向転換を意味しない。さまざまな契機を捉えて、原発の新設・建て替えが計画されている。

図1に自動車に関するエネルギーの流れを示した。図の左端は一次エネルギー（石油・石炭・天然ガスなどの化石燃料、原子力の燃料であるウランなど）であり、いくつかの利用形態（電気・液体・ガスなど）に変換されて、右側の各種の自動車に供給される。そのなかには「エコカー」と呼ばれる車種もあるが、エネルギーの流れを逆にたどると原子力と結びつく車種が少なからずある。これらの車種が大量普及すれば、原子力を推進する強い圧力となる可能性が強い。

日本全体のエネルギーフロー

議論の背景として、日本全体のエネルギーフローを概観しておくことは有用であろう。図2は、日本全体に導入される一次エネルギーを起点として、それがどのように変換され、どの分野に供給され、最終的にどのように利用・廃棄されていたかを、全国の原発が福島事故前の稼働状況で運転されていた状態のデータで示したものである。

日本全体では2万1515PJ（ペタジュール。最大級タンカー1隻分の原油をすべて燃焼すると約15PJに相当）の一次エネルギーが供給されている。そのうち、原子力・水力（既存のダム式水力）と、大部分の再生可能エネルギー（太陽光・小水力・風力・地熱）は、電気に変換される。

また、石炭・石油・天然ガスは、発電用に供給される分と、それ以外の非発電用（燃料、製鉄、物質製造など）に分かれる。発電用には一次エネルギー全体の約44％が導入される。そのうち正味で電気に変換さ

図2　日本全体のエネルギーフロー

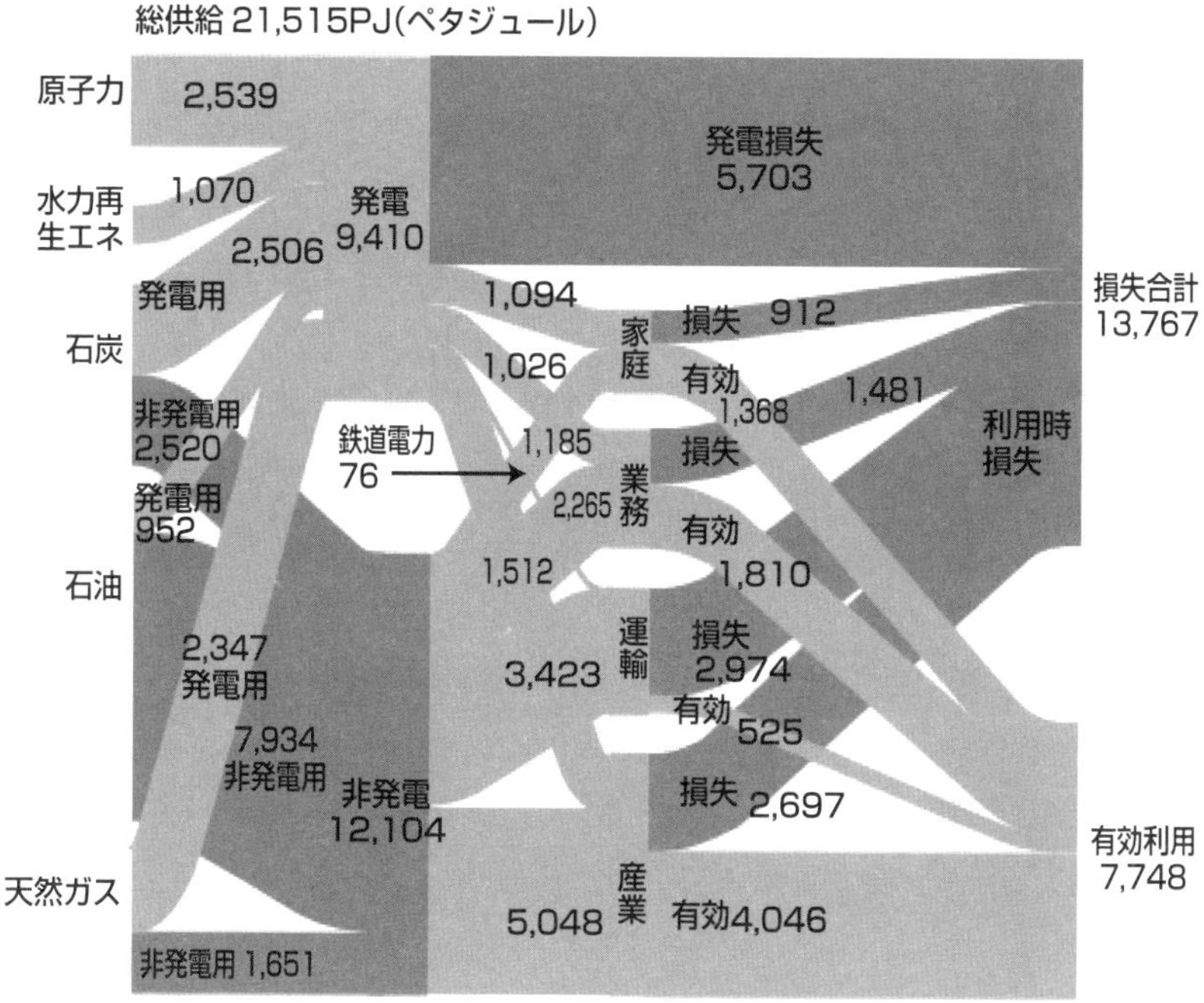

（注）端数、統計誤差の関係で、合計は一致しない部分がある。
（出典）日本エネルギー経済研究所『エネルギー・経済統計要覧』2012年、その他資料より筆者作成。

れる分は約40%であり、残りの60%は発電時の損失として大気や海洋に捨てられている。電力に変換された分は、家庭・業務・運輸・産業（主に製造業）など社会のあらゆる部門に供給される。発電用以外の56%は、都市ガス・重油・軽油・ガソリンなど最終ユーザーが利用する形態に変換され、あるいは製鉄用コークスやプラスチック原料としてのナフサなどとして各分野に供給される。

一方、最終エネルギー消費を分野ごとにみると、たとえば家庭部門には、電気として1094PJ、その他燃料（都市ガスや灯油）として1185PJ、合計2279PJのエネルギーが供給される。このうち有効に利用されるのは約60%であり、その他の約40％は廃熱として捨てられる。同様に業務部門では約45％が損失となる。運輸部門の大部分は自動車用である。その効率はとくに低く、約85％が損失となる。産業部門では約40％が損失となる。

最終的に、前述の発電による損失を合わせると、供給された一次エネルギーのうち73％が利用されずに捨てられている。たとえば運輸部門では３４９９PJが供給されているが、自動車エンジンのエネルギー効率が低いために、走行に有効な動力として使われるのは５２５PJにすぎない。残りの２９７４PJ（約85％）は自動車の排気管から大気中に捨てられる。一方で、原子力では２５３９PJの一次エネルギー（ウランの核分裂）が供給されている。ところが、量的な比較として示せば、原子力で供給されるエネルギーを超えるほどのエネルギーが、自動車から排熱として大気中に捨てられていることになる。

他の家庭・業務・産業（主に製造業）についても、同様に大量の排熱が捨てられている。いま原子力の是非に関する議論では、供給する側に重点が置かれる傾向がみられるが、逆に各分野におけるエネルギーの利用効率の改善によって、同じ目的を達成するのに必要な一次エネルギー量の大幅な節減が可能である。その量は、原子力により供給されるエネルギーを不要とするほどの大きさに達する。

多岐にわたるエコカー

燃料電池車は「究極のエコカー」とも呼ばれるが、このほかにも「エコカー」「次世代自動車」などさまざまな呼び方の車種が存在する。一般には、燃費が良く（走行距離あたりのエネルギー消費量が少ない）、大気汚染物質の排出が少ない自動車をエコカーという。燃費と大気汚染物質の排出量が国土交通省が定める基準より少ない自動車は、動力源の種類を問わず、広義のエコカーと呼ばれる。また、ガソリン車・ディーゼル車・ＬＰＧ（主にタクシーに使用される液化石油ガス）車以外が一般に次世代自動車と呼ばれている。一次エネルギーとエネルギー供給形態の別も併せて分類すれば、表１のようになる。

ガソリン車とディーゼル車は歴史が古く、もっとも多く普及している。だが、一般に内燃エンジン（ガソリン・ディーゼル）は低速（出力の低い時）で効率が悪いため、一定の走行距離あたりでみるとエネルギーを多く使用するとともに、汚染物質の排出も多くなる。渋滞が多い市街地の低速走行ではとくに効率が悪く、走行距離あたりの汚染物質も多くなるため、ことに大都市での利用は非効率的である。なお、内燃エンジン車のうち特殊な例として水素をそのままエンジンに供給する方式があるが、現時点では普及していない。

もし自動車に内燃エンジンしか装備されていなければ、効率の悪い領域でも内燃エンジンを使わざるをえない。そこで、効率の悪い領域では内燃エンジンをできるだけ回さないように、電気系統（モーター）による駆動システムを介在させて緩衝機能を持たせたシステムが、ハイブリッドである。１９９７年にトヨタの「プリウス」が初めて市販車として発表された。

ハイブリッドにもいくつか方式がある。「プリウス」はガソリンエンジン・発電機・モーターを機械的な接続機構を介して組み合わせており、走行状態に応じて、エンジン・発電機・バッテリーの組み合わせで駆動される。複雑なシステムであるが、状況に応じて最適なモードが自動的に選択される。

単に「電気自動車」と呼ぶ場合は、車両外部からの商用電源で充電するバッテリーを搭載してモーターで駆動される方式を指し、他のエネルギー源を搭載しない「純電気自動車」である。電気自動車は、各種

表1　自動車とエネルギーの関係

種　類	略称	動力系統(パワートレイン)	エネルギー供給形態	一次エネルギー源	普及状況
ガソリン車	ICV	内燃エンジン	ガソリン	石油系化石燃料	もっとも普及
			一部エタノール混合可	植物／廃木材	一部実用化
ディーゼル車	ICV	内燃エンジン	軽油	石油系化石燃料	もっとも普及
			DME(ジメチルエーテル)	天然ガス・石炭(非石油系化石燃料)	試験段階
			合成軽油(FT)	石炭	試験段階
			BDF(菜種油／廃食油)	植物	一部実用化
LPG車	ICV	内燃エンジン	LPG(液化石油ガス)	石油系化石燃料	主にタクシー用で普及
天然ガス車	ICV	内燃エンジン	天然ガス	ガス系化石燃料	バス・トラックなどに一部実用化
水素エンジン車	ICV	内燃エンジン	水素(直接燃焼)	(燃料電池車参照)	一部実用化
電気自動車	EV	バッテリーからモーター駆動	商用電力	石油系化石燃料／非石油系化石燃料／原子力／再生可能エネルギー	一部実用化
ガソリンハイブリッド車	HV	内燃エンジンとモーターを結合・併用して駆動する	ガソリン車と同様		普及中
ディーゼルハイブリッド車	HV	内燃エンジンとモーターを結合・併用して駆動する	ディーゼル車と同様		実用化だが、普及は少数
プラグインハイブリッド車(ガソリン車が主)	PHV	HVと同様であるが、車外の商用電源(再生可能電力も可)も使用できる	ガソリン車と同様		普及中
燃料電池車	FCV	燃料電池で水素を電気に変換してモーターを駆動	電解水素	石油系化石燃料／非石油系化石燃料／原子力／再生可能エネルギーも可能	一部実用化
			水素	石油系化石燃料	
				天然ガス(非石油系化石燃料)	
				石炭(非石油系化石燃料)	
			副生水素	製鉄／ソーダ工業	

(出典)各種資料より筆者作成。

の自動車のうち構造がもっとも簡単である。

一方で、ハイブリッド自動車のバッテリーに対して外部からの充電も可能な方式があり、これは「プラグインハイブリッド車」と呼ばれる。市街地など近距離では電気を主に走行し、遠距離・高速走行では内燃エンジンを併用する。電気の供給が得られなければ、通常のハイブリッド車として走行する。また燃料電池車は、現時点では圧縮水素ガスを燃料として搭載し、それを車載の燃料電池で電気に変換してモーターを駆動する方式である。

エコカーの燃費とCO_2排出量

日本自動車研究所は各種の自動車の代表的なエネルギー消費率（１km走行あたりのエネルギー消費）を整理している（日本自動車研究所「総合効率とＧＨＧ排出の分析報告書」２０１１年３月。ＧＨＧは温室効果ガス）。燃料電池車はガソリン車のように全国で多数の実績データはまだ整備されていないものの、いくつかの試作車のデータから、平均値として１km走行あたり０・７３MJ（メガジュール）と設定している。ただし、これらはガソリン（ディーゼル）車と同様にいわゆる「カタログ燃費」に相当する数値である。実態走行では一般的にカタログ値の１・５倍程度のエネルギーを消費すると考えられる（自動車工業会ウェブサイト「気になる乗用車の燃費」）。参考までに、他の車種も併せて整理された数値を図３に示す。

ここで示した車両単体でのいわゆる「燃費」とはＴａｎｋ《タンク》 ｔｏ《トゥ》 Ｗｈｅｅｌ《ホイール》（車輪）、すなわち車両に供給した以降の効率である。図１（29ページ）に示したように、自動車用のエネルギー源とその利用法には多

図3　走行1kmあたり車種別エネルギー消費量(MJ)

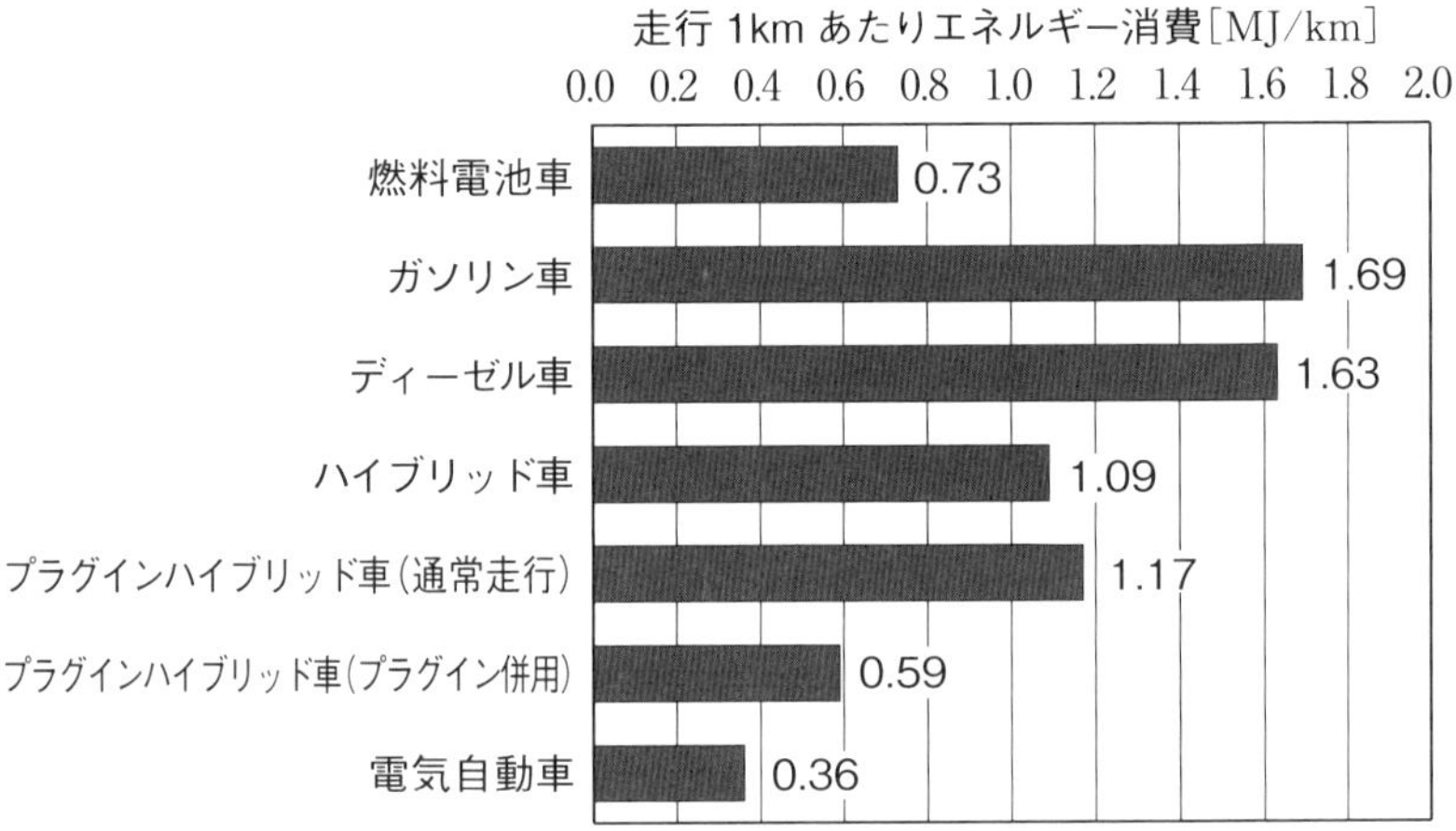

(出典)「総合効率と GHG 排出の分析報告書」2011 年 3 月。

様なルートがあり、気候変動(CO_2)など環境問題を評価する場合には「Ｗｅｌｌ《ウエル》(井戸)ｔｏ《トウ》 Ｗｈｅｅｌ《ホイール》」、略してＷｔＷ効率を考えなければならない。たとえば従来のガソリン車なら、海外における原油井戸での採掘に始まり、タンカーで長距離を輸送し、原油から硫黄分などを取り除き、その中からガソリンを分離・精製して自動車用に加工(専門的には「改質」という)し、タンクローリーでスタンドまで輸送し、車両のタンクに給油し、エンジンを回して車輪に伝達するという長い過程が必要である。

車両単体ではエネルギー効率が高くても、途中の過程で損失が多ければ、ＷｔＷ効率は低くなる。一方の極端な比較として、電気自動車(他のエネルギー源を搭載しない純電気自動車)は車両自体ではCO_2を発生しないが、充電する電力を商用発電によっているとすれば、充電した電力に応じたCO_2を間接的に発生させていることになる。さらに火力発電では、燃料が何か(石炭・石油・天然ガス)、原子力の比率をどの程度見込むのか、などによって評価が異なる。電気自動車であっても、火力発電の電力で充電しているとすれば、その燃

図4　走行1kmあたり車種別CO_2排出量(g-CO_2/km)

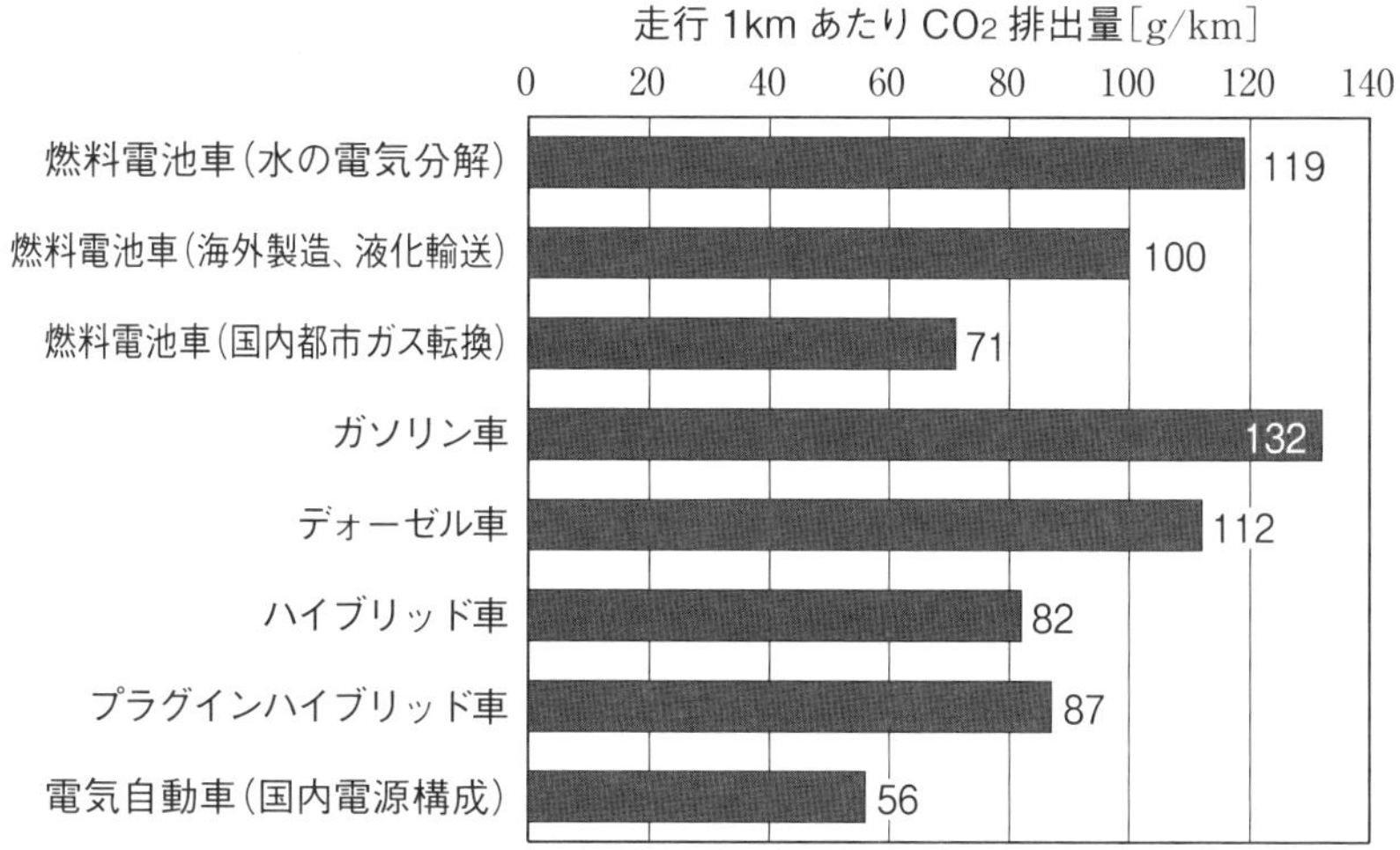

（出典）図3に同じ。

料である原油のWell（井戸）とつながっているため、やはりWtW効率を考えなければならない。

日本自動車研究所の報告書（前掲）ではこうしたルートごとに評価している。ただし、大気汚染物質や、原子力発電における放射性廃棄物などは考慮していない。電力については、福島事故前（原発を一定の割合で算入）の電源構成比で試算している。

CO_2の側面での検討結果（各車種の走行1kmあたりのCO_2排出量）のまとめを図4に示した。図3の車両単体でのエネルギー消費の評価とは様相が異なることが示される。燃料電池車も総合的にはCO_2を排出する。この点に関してマツダの関係者は、内燃エンジン（ガソリン・ディーゼル）あるいはそのハイブリッド車の改良が進めば、CO_2に関しては燃料電池車と同等の性能を達成しうるとの見解を示している。また、同社は水素を直接燃焼させる内燃エンジンという独自の方向性もアピールする（「電気よりエンジン　マツダが挑むエコカー戦略」『日経産業新聞』2015年4月20日）。

いずれにせよ、燃料電池車であっても、水素が原子力を利用して製造されるとすれば、CO_2だけでなく放射性廃棄物など原子力特有のマイナス面の評価も加える必要がある。決して、燃料電池車が「究極のエコカー」と評価することはできない。

エコカーも環境を汚染する

エコカーは在来の内燃エンジン車に比べてエネルギー効率が高く、とくに燃料電池車は「走行時にCO_2や環境負荷物質を排出しない（たとえばＴＯＹＯＴＡ Ｇｌｏｂａｌ Ｎｅｗｓｒｏｏｍ 報道発表「ＴＯＹＯＴＡ、セダンタイプの新型燃料電池自動車「ＭＩＲＡＩ」を発売」）という。しかし、ゴムタイヤで走行する以上、燃料電池車であろうとタイヤ粉塵の発生は避けられない。タイヤは路面との摩擦によって駆動（制動）力を発生するので、摩耗が不可避である。そして、タイヤ自体の摩耗物とともに、舗装面の摩耗物が混ざった粉塵となる。交通量の多い道路沿いの民家の窓枠を指でなぞると黒い塵埃が付着するのは、タイヤに由来するこうした粉塵も関与している。

タイヤ粉塵発生量の推計式はいくつかあり、乗用車だけで年間に全国で約1万８０００ｔと推定される（国立環境研究所「産業連関表による環境負荷原単位データブック（３ＥＩＤ）」などを参考に推定）。また、道路粉塵に関しては、地下から採掘した際に原油中に含まれているバナジウム、ニッケル（いずれも発がん性が認められる、あるいは疑われる）などの重金属やその化合物のうち、石油精製過程でアスファルトに移行してくる分を考慮する必要がある。

アスファルトは舗装に使われ、やがてタイヤとの摩擦で粉塵として大気中に拡散し、あるいは路面に堆積した分が雨水によって水圏へ移行して人間に摂取される、などの汚染経路が考えられる。道路からの流出水や道路粉塵を採取して試験した報告によると、生物のＤＮＡを損傷して発がん性や奇形を生じさせる各物質の存在が認められている。

タイヤに由来する粉塵は、それ自体を規制する法律がなく、発生量を直接知る方法もないため、車両から直接排出される排気ガスのような規制・管理が困難である。ゴムタイヤで走行する自動車から粉塵の発生は不可避であって、燃料電池車をはじめとしたいわゆる「エコカー」だからといって、自動車による有害性が一掃されるかのような幻想を抱くべきではない（この面の研究として、竺文彦ほか「Rec-assay 法による道路路面粉塵などの評価」『環境技術』25巻3号、１９９６年、小野芳朗ほか「雨天時路面排水中塵埃の遺伝子毒性・エストロジェン性」『環境技術』28巻5号、１９９９年など）。

エコカーへの多額の補助金

こうしたエコカーに対して、普及促進のために「直接補助金」と「減税」の二種類の経済的優遇が提供されている。なかでも、「次世代自動車」に対しては多額の補助金が提供される。次世代自動車振興センターという組織（http://www.cev-pc.or.jp/）があり、①電気自動車・プラグインハイブリッド車・クリーンディーゼル車の購入者に補助金の交付、②電気自動車・プラグインハイブリッド車の普及拡大を図るため自動車用充電設備の設置者に補助金の交付、③燃料電池車の早期普及を図るため水素供給設備の整備を行

表２　次世代自動車補助金の例

（単位、万円）

種　別	車名の例	メーカー希望小売価格（税別）	直接補助金	エコカー減税・自動車グリーン減税
燃料電池車（FCV）	トヨタ「MIRAI」	670	202	23.3
（純）電気自動車	日産「リーフG」	351	27	14
プラグインハイブリッド車	トヨタ「プリウスPHV」	381	25	15.5
クリーンディーゼル車	三菱「パジェロ」	457	14	16.1
ハイブリッド車	トヨタ「プリウスG」	318	0	13.8

う者に補助金の交付、などの事業を行っている。

次世代自動車振興センターでＣＥＶ（クリーンエネルギー自動車）と定義されているのは、電気自動車・プラグインハイブリッド車・クリーンディーゼル車・燃料電池車である。とくに「ＭＩＲＡＩ」に対しては、直接補助金２０２万円＋減税２３・３万円が提供される。なお、同センターでは「クリーンエネルギー自動車」に指定されないハイブリッド車（充電機能なし）についても、エコカー減税・自動車グリーン減税（国土交通省ウェブサイト「自動車関係税制について」）は適用される。各自動車メーカーのホームページより代表例（２０１５年６月現在）を表２に示す。

水素スタンドが足りない

水素の輸送・貯蔵・充填方式には、これまでさまざまな試みがあった。現在は、長距離・大量輸送に対しては液化水素の状態、あるいは他の化学物質と結合させて液状とした状態で船舶（タンカー）により、また市中への流通から燃料電池車への供給段階では圧縮水素（気体）としてローリー（トラック）により輸送する方式が主流である。現在は「研究用水素ステーション」と「商用水素ステーション」がある。前者は「水素供給・利用技術研究組合」のウェブサイトに一覧があり、ステーションごとに方式を変えて実証試験を行っているが、一般ユーザーの利用はできない。後者は「燃料電池実用化推進協議会」のウェブサイトに一覧があり、一般利用者が利用できる。

２０１５年度までに４大都市圏（首都圏、近畿圏、中京圏、福岡・北九州圏）や高速道路（ただし東京から福岡までのルート）に１００カ所程度の水素ステーションを整備することを目標に、13年度から先行整備を開始。15年6月現在で、50カ所以上が補助金の交付決定を受けて整備中であるが、稼働中のスタンドは23カ所である。

水素スタンドは大別して二種類に分けられる。①スタンドに水素製造装置を設ける「オンサイト方式」、②別の製造所で作った水素をタンクローリー（液化水素）やボンベ（圧縮ガス）で持ち込む「オフサイト方式」である。①のタイプは、都市ガス（天然ガスが原料で、約90％がメタン）の供給を受けてスタンド内の製造装置で水素に転換する。この方式ではメタン（CH_4）から水素（H）を取り出すと炭素（C）が残るので、CO_2が副産物として発生する。だから、「CO_2フリー水素」ではない。

在来ガソリン車の航続距離（一回の給油で走行できる距離）は、走行条件によってかなり異なるが、日本自動車工業会の資料などより推定すれば、実用上は５００㎞前後であろう。それでも、高速道路上での燃料切れによる立ち往生事故がしばしば発生している。ガソリンスタンドは全国に3万４０００カ所（２０１3年）存在する。ただし、近年はとくに地方部において商業的に成り立たずに閉鎖が続出し、図5のように２０００年に比べてわずか十数年で2万カ所近くも減った。このため、農村部を中心に日常の給油にも難渋する「ガソリン難民」の問題が発生しているほどである。

図５　ガソリンスタンドの数の推移

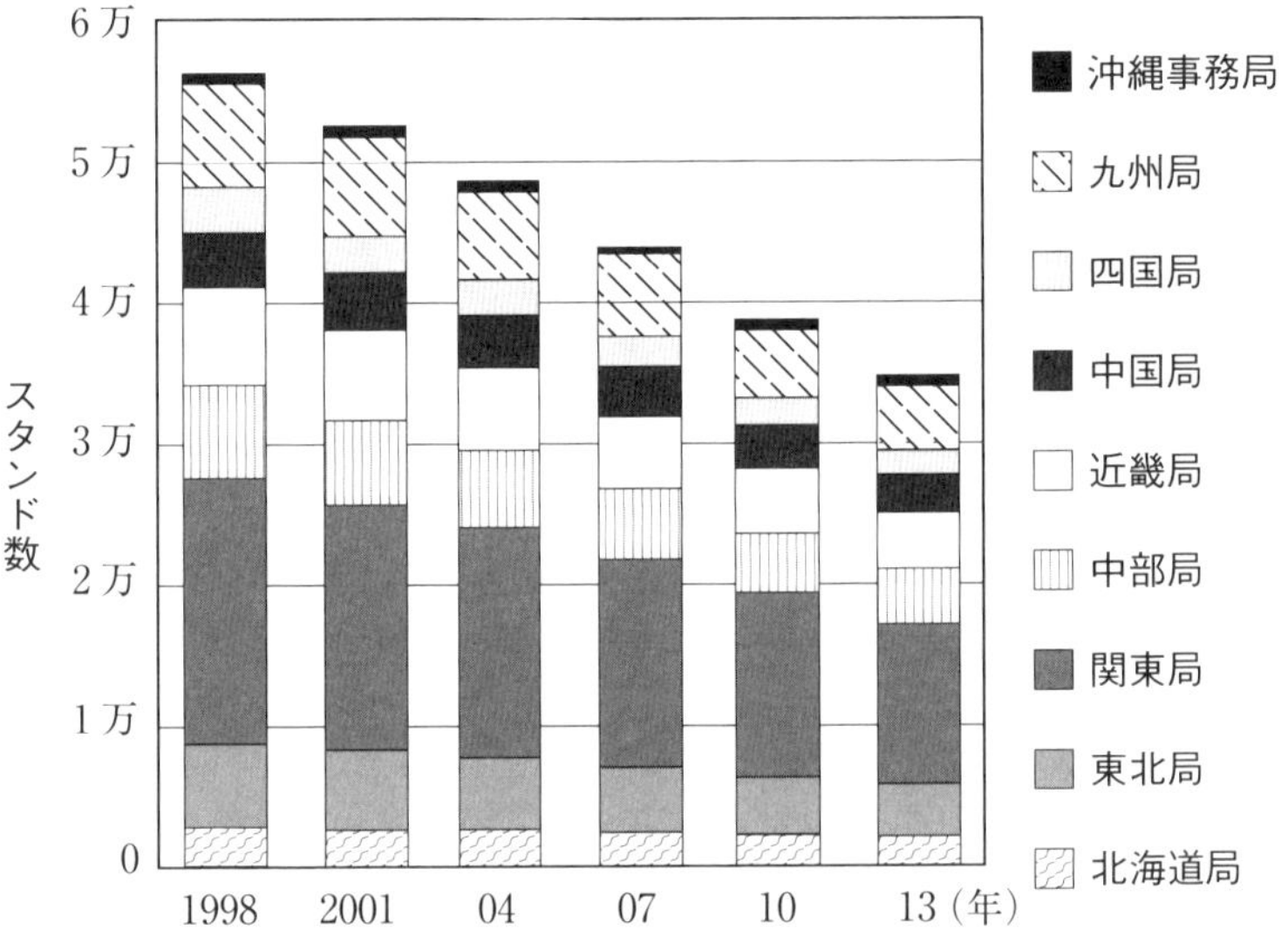

（出典）全国石油協会ウェブサイト。http://www.sekiyu.or.jp/topics/data_a.html

トヨタの「ＭＩＲＡＩ」の航続距離が６５０〜７００㎞でガソリン車と同等に達した（70ページ参照）とはいえ、水素スタンドが四大都市圏と高速道路沿いの１００カ所では、燃料電池車が全国的に普及する条件には遠く及ばない。何しろ、３万４０００カ所あっても、「ガソリン難民」が発生しているのだから。燃料電池車が普及しないから水素スタンドも増えない、水素スタンドが増えないから燃料電池車が普及しないという負のサイクルを打破するために、政府やメーカーは莫大な補助金によって拡大サイクルを作り出そうとしている。しかし、それが成功する保証はまったくない。

単なるデモンストレーション

報道されたように、２０１５年内には「ＭＩＲＡＩ」を各省庁に配備する予定という。その運用には当然水素スタンドが必要となり、霞が関周辺では経済産業省内に「霞ヶ関水素ステーション（移動式）」が設けられる。「移動式」と称するのは、前述の分類でいえば②であり、他所で製造した水素をボンベに充填して、圧縮機などを搭載したトラックで持ち込んで運用する。ただし、持ち込んだ水素をそのまま「ＭＩＲＡＩ」に供給はできず、圧縮機を通じて充填用の別の高圧容器に移し替える必要がある。その圧縮機の能力は１時間あたり29Ｎ㎥という（水素供給・利用技術研究組合ウェブサイト http://hysut.or.jp/business/2011/station/kasumigaseki.html）。

なお、燃料電池車の議論では、ガソリン車ではなじみのないガスの計量単位が登場するので、ここで解説しておきたい。気体（ガス）の体積が温度や圧力によって変化することは中学・高校の理科・物理でも扱われており、よく知られているだろう。だが、気体の体積を単に立法メートル（㎥）で表記しても、どのような温度・圧力における体積なのかわからず、その気体の実量を示すことができない。そこで「ノーマル（標準状態）」という定義が用いられ、「ノーマル」の頭文字の「Ｎ」を表記して（Ｎ㎥）、大気温・大気圧の条件であることを示す。

「ＭＩＲＡＩ」の燃料タンクを満タンに充填するには３分程度ですみ、ガソリン車なみの利便性を実現したとされている。トヨタのウェブサイトでは「たとえば水素ステーションに立ち寄り、コーヒーでも飲んでいたら、もう３分。その間に燃料補給は完了です」としている（トヨタ公式ウェブサイト http://toyota.jp/mirai/performance/）。しかし、その時間とは、スタンドの充填用の高圧容器から充填する時間であって、その準備には持ち込んだ水素を圧縮機を通じて移し替える必要がある。「ＭＩＲＡＩ」は空状態から満タンにするには約73Ｎ㎥の水素を充填する。圧縮機の能力が前述のように１時間あたり29Ｎ㎥であるから、１回満タンにする準備に２時間以上かかることになる。

筆者はこの実態を知って、中国の文化大革命(1960年代後半から70年代後半まで)におけるエピソードを思い出した。文化大革命の成果をアピールするために、幹部が農村に視察に来ると、実際は不作なのに他所から水田に稲を移植して豊作に見せかけたという。真偽のほどは不明だが、当時はそのような事態が起きても不思議ではない社会的背景があったのであろう。現在の「夢の水素社会への幕開け」は、幹部に見せるためのこうしたデモンストレーションにすぎない。

水素の供給面の問題は、大規模災害時にも予想される。東日本大震災では、とくに東北地方においてガソリンが入手困難となった(たとえば個人ウェブサイト「東日本大震災後の福島市民生活」http://www2.educ.fukushima-u.ac.jp/~abej/ErdB.htm)。ガソリンの不足は、移動の不便さだけでなく、給水所まで行けずに水さえ入手できない事態をもたらした。ガソリンならば、保管量や容器の材質による制限はあるが、個人でも一定量なら取り扱いできる。しかし、水素は特殊な設備が必要であり、小分け利用が不可能である。水素スタンドの設備そのものは耐震設計がなされているとしても、燃料電池車は災害時には機能しない。

電気自動車は「走る原発」

米国のベンチャー企業である「テスラモーターズ」はガソリン車をしのぐ性能を有する電気自動車を販売しており、次世代車の主力は電気自動車であるとアピールしている。経営者のイーロン・マスクは燃料電池(Fuel Cell)にかけて「Fool Cell」と揶揄し、燃料電池車は実用性に乏しいと指摘した。その主な理由としては、前述した燃料供給インフラの制約が挙げられている。だが、電気自動車の性能がいかに改良されても、電気をどの一次エネルギーから得るのかという問題は解決されない。次に、電気を直接エネルギーとして使用する電気自動車について考えてみよう。

筆者は１９９０年代から著書で「電気自動車は走る原発」と指摘してきた（上岡直見『交通のエコロジー』学陽書房、92年）。一方で、２０１１年の「日本カー・オブ・ザ・イヤー２０１１～２０１２」に電気自動車の日産「リーフ」が他車に大差をつけて選定された（http://www.jcoty.org/history/32.html）。東日本大震災の直後で、電力不足が懸念されていたとき、電気を必要とする電気自動車がなぜ推薦されたのだろうか。

電気自動車には、内燃エンジンをまったく持たずバッテリーのみを動力システムとする純電気自動車（ＥＶまたはＰＥＶ）と、内燃エンジンと併用（ハイブリッド車がベース）で充電機能も有するプラグインハイブリッド車（ＰＨＶまたはＰＨＥＶ）がある（34ページ表1参照）。２０００年代までの旧世代電気自動車は航続距離が短く、性能も使い勝手も悪く、さらにバッテリーの耐用年数も短かったため、ほとんど普及しなかった。環境対策として国の補助金で先行導入した自治体では、最初の購入費用は補助金の対象になるのにバッテリーの交換費用は対象にならず、そのまま放置されてしまった例さえみられた。

現在、日本のメーカーはテスラモーターズのような高性能電気自動車は製造していないが、三菱自動車の「ｉ－ＭｉＥＶ（アイミーブ）」、日産の「リーフ」など、旧世代電気自動車に比べれば実用性が向上した電気自動車が市販されている。従来はガソリンスタンドに相当する充電スタンドが限られ、この面でも実用化に不安があった。このため最近は、メーカー系列のディーラーなどに充電スポットが設けられ、充電にかかわる負担を軽減する方策が試みられているほか、家庭でも充電できるようになっている。

東日本大震災直後の２０１１年夏の電力ピーク時には、供給力の不足による広域停電が危惧されたため、家庭に対しても節電が強力に呼びかけられた。地域により目標値は異なっていたものの、平均的には福島事故前の15％程度の節減が目標とされた。「原発の必要性をアピールするための誇大な呼びかけ」との憶測もみられたが、同年夏に限っては、とくに東京電力管内においては大規模な火力発電所のいくつかも被災しており、供給力の不足に現実性があった。

実際には、利便性に慣れた現代生活を基準とすると、意図的にかなり強引な節電を試みなければ15％には届かない。東京電力および関西電力管内での２０１１～13年の実態調査によれば、実績節電率は10％程度と推定されている（電力中央研究所研究報告書 Ｙ１１０１４「家庭における２０１１年夏の節電の実態」２０１２年3月、その他各年版）。それでも平年に比べればかなりの節電率であり、電力量で表すと世帯あたり1カ月40kW時前後になる。

これに対して、電気自動車はどのくらい電力を必要とするかを、東京電力管内で自動車依存度の高い群馬県を例に試算してみる。平均で、乗用車は1台あたり1カ月に約８００km走行する。これに必要な電力を「リーフ」の仕様表から試算してみると、1カ月に約90kW時に相当する。つまり、よほど努力して生活面で節電しても、ガソリン車の代わりに電気自動車を使えば、節電分の2～3倍の電力を消費するのだ。自動車依存度の低い大都市ではこれより少なくなるが、それでも節電分よりはるかに大きいだろう。

図3（36ページ）のように、平均的なガソリン乗用車は1km走行あたり1・６９MJのエネルギーを消費する。電気自動車の場合は０・３６MJなので、かなり低減される。車両単体でのエネルギー効率の点だけみれば、ガソリン（軽油）車から電気自動車への転換は望ましいように思われる。

では、エネルギー効率の向上を考慮したとして、仮に現在のガソリン乗用車をすべて電気自動車に転換したとすると、どれくらいの電力が必要になるだろうか。現状では、乗用車用のガソリンは年間約４４０0万キロリットル消費されている（国土交通省「交通関連統計資料集」）。これに効率の向上を加味して電力の所要量に換算すると、年間約７６０億kW時に相当する。これは、現在の平均的な商用原発（出力１００万kW級）15基分の年間発電量に相当する。

原発でなく太陽光など再生可能エネルギーを利用する提案もある。だが、再生可能エネルギーの大量普及はまだ実現していない。現在の電気自動車の性能と使い勝手では、ガソリン自動車のすべてが全面的に電気自動車で代替される状況は考えにくいが、仮にその一部としても、原発数基分に相当する電力を再生可能エネルギーで代替することは大きな負担である。

たとえば太陽光発電は家庭用のエネルギー利用には適しているが、自動車はエネルギーを凝縮して集中的に動力として使用する（エネルギー密度が大きい）必要がある。よく使われるたとえでは、「大型バスの屋根全面に太陽光発電パネルを貼って得られる動力は、原付バイク一台分」とされている。

また、太陽光発電パネルを直接自動車に接続することはできない。現在のガソリン（ディーゼル）自動車を電気自動車で大幅に置き換えるほどの電力を取得するには、広大な面積の太陽光パネルが必要となる。人命に直接かかわる医療・介護をはじめとして、現代社会に不可欠な通信インフラなど優先的な電力の需要先が数多くあるなかで、膨大な電力を自動車で使用するのは合理的だろうか（再生可能エネルギーと自動車の関連については86・87ページで改めて検討する）。

夜間電力が余るから電気自動車？

福島事故前から、電気自動車のセールスポイントとして、大気汚染の防止とともに「夜間電力を溜めて昼間に使う」というコンセプトが強調されていた。これは、夜間でも一定出力での運転が求められる原発の存在が前提である。福島事故で電力不足が懸念されていたときに、またもや電気自動車が推進されるようになったのは、なぜだろうか。

「リーフ」のウェブサイトでは、「電力供給に余裕がある夜間に充電を行い、電力需要が高まる昼間に、貯めた電力を実際の走行や家庭の電力に活用。電力のピークを緩和するピークシフトや家計の節電対策になります」と解説している。「i－MiEV」でも「オール電化住宅と組み合わせると、生活がもっとエコでクリーンに」とあり、電力の需要拡大方策の一環であることが推定される。

そもそも「夜間に電力が余る」という前提こそ、原子力発電と密接に関連した条件である。再生可能エネルギーのうち、太陽光発電は当然ながら夜間に電力が余るはずがない。風力発電・地熱発電は、基本的に発電量に時間帯は関係しない。送電の必要がなければ、系統から分離すればよいだけである。水力発電は必要がなければ発電せず、水をバイパスさせればよい。さらに、火力発電は出力調整ができるので、需要が低下する夜間に「電力を余らせる」必要はない。実際に、夜間は出力を下げて運転、あるいは停止している。

結局、「夜間に電力が余って困る」のは原子力発電である。すなわち、出力の増減ができない原発を運転し続けるためには、夜間の電力需要を喚起する必要がある。環境対策という名目があるにしても、個人ユーザーに対して購入＋減税で40万円を超える補助金（リーフの場合）の不自然さは、それに起因するのではないか。電気自動車が本格的に大量普及すれば、原発の「必要性」はますます強固な社会的圧力となる。

なお、電気自動車のメリットがあるとすれば、動力系統が電気回路のみで構成されるため、運転に人間が介在しない自動運転車が将来的に普及した場合に、外部からの制御が容易という点が挙げられる。一方、電気自動車の普及を妨げる要因は自動車産業自体の中にこそ存在する。自動車は関連産業が多いが、なかでもエンジン・伝達機構（トランスミッション）が在来の自動車を構成する基幹技術である。仮に電気自動車になって「エンジンもいらない、伝達機構もいらない」となれば、自動車産業の構造が激変する。したがって、自動車関連産業は電気自動車の大量普及を歓迎しないはずである。

「寒い」電気自動車

テスラモーターズの電気自動車は、高性能と高級感をセールスポイントとしている。これに対して日本のメーカーは、国内の軽四輪ないし小型乗用車の代替を念頭に置いているようである。「リーフ」のレンタカーを利用して、寒い日に埼玉・東京・神奈川の一都二県約３００㎞を2日間試乗した体験記が報告されている（「寒さに震えた「電気自動車」」『食品と暮らしの安全』２０１2年2月号）。

まず、カーナビから「目的地に到着できない可能性があります」とアナウンスされるという珍事から紹介される。予期しない場所で電池が切れたら、状況によっては事故にもつながりかねないので、笑いごとではない。結局2日間とも、電池残量と充電スタンドを気にしながらの走行で、このレポーターの結論は「二度と乗りたくない」。その充電スタンドも、事前登録が必要だとか、一回の補充充電に20～30分かかるとかで、少なくともこのレポートの時点では非現実的なシステムであった。

「リーフ」のカタログでは、電池の容量は24kW時で、ＪＣ08モード（燃費測定基準の走行パターン）では２００km（試乗当時の性能、現在は多少改善）走行できるとなっていたという。ただし、これはエアコン（冬にはヒーター）などの電装品を使わない数値である。ガソリン（ディーゼル）車の暖房は、もともと車外に捨てているエンジンの廃熱を車内に回す方式なので、暖房時には追加的エネルギーを使わない。一方、電気自動車には発熱源がないので、まるごと電気で熱を発生しなければならない。リーフのヒーター（当然ながら電気）の電気容量は４kWで、他に多数の電装品が装備される。

家庭用のエアコンの電気容量が１kW以下であることを考えると、負荷の大きさがわかる。ヒーターその他の電装品をフルに使っていると、それだけで数時間で電池が空になる。結局、当時の性能ではフル充電で２００km、すなわち「2日間・３００km」ならば1回の充電ですむはずのところ、実際には5回も必要で、待ち時間は合計2時間以上に達した。しかも、路上での立往生が不安なので、ヒーターを切ってがまんしながらであったという。ヒーターをフルに使っていたら、走っているより充電待ちの時間のほうが多くなっただろう。

「リーフ」は年々少しずつ改良され、現在は航続距離が若干伸びている。とはいえ、電気自動車は「電力を消費するためのシステム」である。

スマートグリッドは「スマート」か

スマートグリッドとは、「電力需給両面での変化に対応し、電力利用の効率化を実現するために、情報通信技術を活用して効率的に需給バランスをとり、生活の快適さと電力の安定供給を実現する電力送配電網のこと（経済産業省「エネルギー白書」２０１０年版）」とされている。従来の大規模送電・配電ネットワークを中央で集中制御する方式に代わって、電子機器や通信機能を利用して、より狭い単位（街区・市町村など）での需要・供給のバランスを達成する送電・配電システムである。発電量の時間変動が大きい再生可能エネルギーの大量導入にも必要とされる。しかし、原子力関係者は次のようにも述べている。

「プラグインハイブリッド、新エネルギー、マイクログリッドと議論を展開したところで多く（の）読者はお気づきかと思うが、これらは原子力と相容れない考えではなく、将来の原子力のさらなる導入を促進する可能性を秘めている。新エネルギーがプラグインハイブリッド車の社会的な意義・価値を高めると同時に、プラグインハイブリッド車は夜間の安い電力の需要増や新エネルギーの導入に一役買うことになる。出力不安定な新エネルギーと、一定で変動させることが難しい原子力がお互いの共通の弱点を運輸部門のエネルギー消費が解決してくれるストーリーである」（（社）日本原子力産業協会・原子力システム研究懇話会「原子力による運輸用エネルギー」２００７年６月）

図６は「次世代送配電ネットワーク研究会」の資料に掲載されている図である。太陽光発電が普及すると、年末年始やゴールデンウィークなど電力需要の少ない時期（あるいは時間帯）に、既存の電力（原子力＋

図6　太陽光導入の電力需給パターン

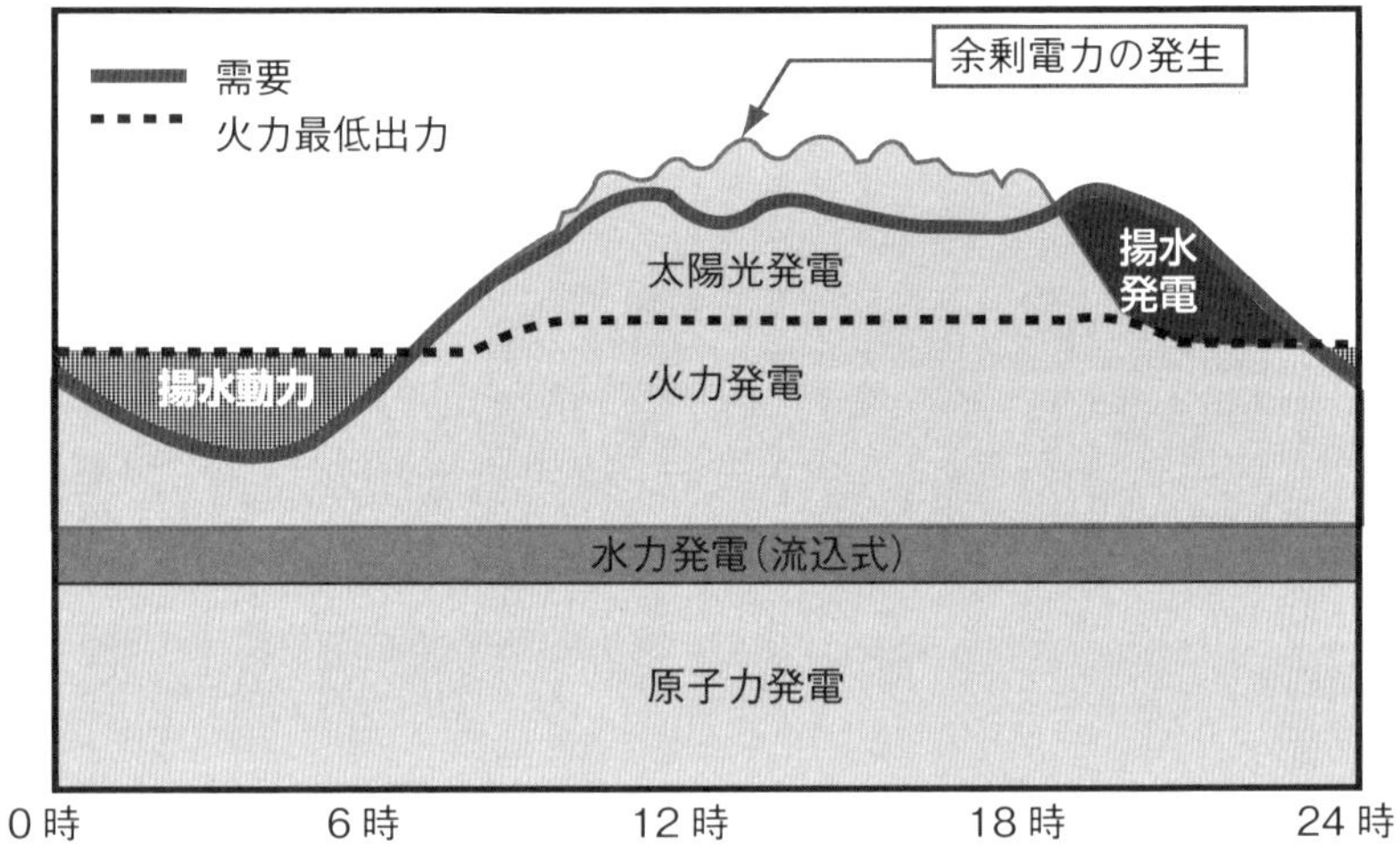

（出典）次世代送配電ネットワーク研究会「低炭素社会実現のための次世代送配電ネットワークの構築に向けて」2010年4月。

水力＋火力）と昼間の太陽光の合計発電量が需要を上回り、余剰電力が発生するという。その吸収先として、蓄電池代わりに電気自動車を利用すると効率的であるとしている。要するに、いま次世代あるいは近未来などと名づけられている電力利用システムは原子力ビジネスの一形態である。

動力源が電気であろうとなかろうと、自動車とはユーザーが「いつでも、どこでも」任意に移動できることを最大のメリットとする交通手段である。また、通常のウィークデーには自動車の利用が少ない大都市の勤労者世帯でも、年末年始やゴールデンウィークの昼間には利用する機会が増加する。そのような時間帯に、自動車を駐車場に停めて余剰電力を吸収するように管理することが可能なのだろうか。結局は出力調整ができない原発の存続を前提とするから、こうした不自然なビジネスモデルが提案されるのである。

「電気」というシステムは「発電方式をどうするか」という議論だけではすまず、「送電・配電」のシステムと一体で考えなければならない。「送電・配電」についても、脱原発を前提に組み直さなければ再生可能エネルギーの大量導入は困難である。だが、社会的にはまだこの問題について注目度が低い。よく指摘される「電力ムラ」では、依然として「原発ありき」の議論をしている。このままでは送電・配電面が制約となって、「やはり原発が必要だ」という結論に持ち込まれる。さらに、無秩序な充電インフラ網の整備がもたらす送電・配電系統への悪影響の指摘もある。

「ＥＶ／ＰＨＥＶの普及には電力系統システムへの影響を考慮した充電インフラ網の整備が必要である。それは無秩序な充電インフラの普及が系統電力に悪影響をもたらす可能性があるからである。［中略］環境省の見通しでは２０２０年のＥＶ／ＰＨＥＶの保有台数は合計で３８５万台。日本の自動車保有台数は２０１１年2月末で７９１７万台なので、３８５万台と言っても全自動車の４・５％程度でしかないのだが、もし、仮にこの３８５万台のＥＶ／ＰＨＥＶが一斉に充電を始めたらどうなるのだろうか。２００Ｖ普通充電の容量を３kWとすれば計算上は１１５０万kW（３kW／台×３８５万台）に達する。これは、電力10社合計の２００９年夏のピーク需要１５９百万kWの７％強に相当し、電力需給が逼迫した際は系統電力への影響が無視できなくなる。従って、充電インフラの整備を進めるに際しては、電力需要のピークカットやピークシフトの機能を備えた充電システム等を取り入れ、系統への影響に配慮したネットワークづくりが肝要になってくる」（『ＥＶ／ＨＥＶ用電池と周辺機器・給電システムの最適化・高効率化技術』情報機構、２０１１年6月）

このように、電気自動車を推進する側からも送電・配電系統に関する不安が示されている。

実在しないシステム

このように、電気自動車は「スマートグリッド」との組み合わせが一つの普及シナリオとなる。家庭の配電系統に直接接続して双方向に充電・放電できるとか、電気自動車が大量に普及すれば電力ネットワーク（スマートグリッド）と連携した巨大電池群としてピーク時の負荷平準化に使えるとか、再生可能エネルギーの普及にも役立つなどとされている。

ところが、これらのシステムは、ウェブサイトやカタログに「想像図」が載っているだけで、実在しない。この状態で電気自動車の普及が先行すれば、一方的な電力需要の増加をもたらし、「やはり原発が必要だ」という社会的圧力につながる。省庁や電力会社、それらと連携する学者らが「排気ガスを出さない」などと強調するアピールは、原発を前提としている。夜間電力で充電すると電気代が割安などとも紹介されているが、これまた原発と表裏一体の話である。

「リーフ」の広告では、「現在販売中の日産リーフの大容量バッテリーから電力を取り出し、分電盤を通じて家庭用の電力として使うことができるシステム「リーフ・トゥ・ホーム」を開発しています。日産リーフに蓄えた電力を走行以外にも活かす。スマートなライフスタイルへの第一歩です」と解説されている。しかし、既存の電力会社はスマートグリッドには概して消極的であり、個別技術の開発や研究は行われているものの、現実に実用化されたシステムは存在していない。存在しないものを前提にして電気自動車だけが先行して普及しても、所期の効果は実現できないはずである。

経済産業省のウェブサイトに「スマートグリッド・スマートコミュニティ」という解説があり（http://www.meti.go.jp/policy/energy_environment/smart_community/index.html）、電気自動車を「電気インフラ」と位置づけている。個々の自動車のバッテリーの容量は、現時点では16（ｉ－ＭｉＥＶ）～24（リーフ）kW時である。日本の平均的な家庭で１カ月に使用する電力量が平均３５０kW時程度であることと比べると、それほど大きくはないものの、スマートグリッドを通じて多数の電気自動車が連携した巨大なバッテリーとして利用するとされている。

このシステムは「Ｖ２Ｇ（ヴィークル・トゥ・グリッド）」という略称で呼ばれることもある。家庭の太陽光発電の過剰発電時（昼間）の電力を吸収するようなイメージ図となっている。

Ｖ２Ｇは、電力の余剰時に電気自動車に吸収し、不足時には電気自動車から放出して需給のアンバランスを緩和する、一時的な蓄電器としての利用が提案されている。はたして、現実的だろうか。自動車はユーザーがいつでも、どこでも移動できることが最大の利用価値である。一方、電力バッファとして利用するには、特定のステーションに駐車して送電網に接続しなければならない。ピークカット（誰もが自動車を使いたい曜日や時間帯は集中するであろう）のため充電システムから自動的に遮断されるなどの事態が起きれば、そもそも自動車の利用価値が大きく損なわれる。

ＧＰＳなどの利用によって個々の自動車の位置やバッテリーの充電状態の把握は可能であるとしても、ユーザーの利用法を外部から管理して、電力が不足したときにステーションに接続して放電（供給）を要請するような運用が現実的とは思われない。一般に多くの自動車は昼間に稼動して夜間に駐車しているため、仮に太陽光と組み合わせて変動の緩和に利用しようとした場合、その時間的なマッチングは逆（充電したいときには太陽光は使えない）である。できるとしても、限定的な家庭用のみであろう。

これに加えて、電気自動車・再生可能エネルギー・スマートグリッドそれぞれの普及がいつ・どの程度になるのかというタイムラグの問題がある。電気自動車の製造・販売は比較的早期に進展する可能性がある一方で、再生可能エネルギーの大量導入やスマートグリッドの導入はまだ実用的なスケジュールに乗っていない。スマートグリッドが本格的に普及していない状態で電気自動車を電力ネットワークに組み込むことは、結局のところ「やはり原発が必要だ」という社会的な圧力として逆手に取られる可能性が高い。そもそもスマートグリッドが脱原発に有効なシステムなら、経産省が推進するはずがないという常識も交えて冷静に考えるべきである。

交通とエネルギーの関係として、人びとがどのように移動したいかというニーズが先にあり、それを充足させるためにエネルギーの供給システムを考えることが順当な手順である。スマートグリッドはその意味でも本末転倒である。

ワイヤレス充電と電磁波公害

電気自動車の充電には車体とケーブルを接続するワイヤ充電と、接続しない（物理的に接触しない）ワイヤレス充電がある。電気自動車は、充電スタンドの配置の制約と、充電の所要時間と手間の制約がある。バッテリーの性能は今後ある程度は向上するとしても、自動車の本質的な利点である「いつでも・どこでも」利用できるメリットが強く制約される。そこで、走行しながら充電が可能なワイヤレス充電方式も検

表3　電気自動車の充電方式

分　類	方　式	問題点
ワイヤ充電	通常の電気的接触(いわゆるコンセント)	コードの取り扱いが煩雑、感電防護の必要
	電磁誘導のコイル挿入	コードの取り扱いが煩雑
ワイヤレス充電	電磁誘導	エアギャップ(送電側と受電側の間隔)が小さい(位置ずれに弱い) 人体に電磁波曝露 介在物が誘導加熱で、発熱のおそれ
	電磁共鳴(磁界共鳴)	エアギャップが電磁誘導より大きい 人体に磁界曝露
	マイクロ波	遠隔送電可能 人体に熱作用がある(電子レンジ効果) 防護システムが必要

(出典) 各種資料より筆者整理。

討されている。一般の自動車利用者を対象としたワイヤレス充電システムは複数の方式が試験段階であり、将来的にいずれが主流になるか不確定であるが、現段階で試験・提案されている充電方式を表3にまとめる。

いずれにしてもワイヤレス充電の設備が街中に大量に普及すれば、運転者・同乗者だけでなく周辺の第三者までも電磁波などに曝露される機会が増大する。その有害性については検討が不十分である。人体に対する電磁波曝露の影響については、総務省の電気通信技術審議会の諮問「電波利用における人体の防護指針」「電波利用における人体防護の在り方」や、国際的にはICNIRP(International Commission on Non-Ionizing Radiation Protection、国際非電離放射線防護委員会)の規準が参照されている。しかし、一般公衆に対して本当に安全であるのかは確認されていない。

充電設備の設置にあたっては、その距離以内に人が立ち入らない対策が必要とされる。充電設備上に車両がいない場合には電磁波を出さないようにロックするなどの対策も提案されているが、車両が地上コイルに跨り給電が始まってから異物や人が入ってしまうケースも考慮が必要となる（前掲『ＥＶ／ＨＥＶ用電池と周辺機器・給電システムの最適化・効率化技術』）。マイクロ波方式についても規制値は示されているものの、短時間の曝露に対する評価であり、低線量であっても継続的・反復的な曝露に対する評価は確定していない。

走行中（遠隔）充電にはさらに問題がある。たとえば定置充電に10分が必要であるとすると、車両が時速30㎞で走行していれば10分は５㎞の距離に相当するから、この距離にわたってマイクロ波を照射し続けなければならない。一方で時間を短縮しようとすれば、時間あたりさらに強力なマイクロ波を集中して照射する必要が生じる。いずれにしても公衆のマイクロ波への曝露を避ける方策はきわめて困難となるであろう。

現在は充電性能の向上のための開発が優先されている一方で、人体防護システムは後回しになっている。前述した防護システムにもトラブルはありうる。危険なエリア内に人が立ち入らないような対策や安全装置を考慮する必要があるなど文書上での記述はみられるが、充電機能の開発に比べると具体性が乏しい。このように一般公衆の曝露に無頓着な点も、原子力と類似性がある。また、いまでも歩行者・自転車への配慮が欠けている都市交通において、さらに歩行者・自転車の通行を制約する要因になりかねない。

実は普通の自動車も「走る原発」

エコカーか否かにかかわらず、自動車の製造には多くの電力を必要とする。われわれが通常知っている自動車メーカーは機械的な組み立て作業が中心であるが、自動車はエンジン・車体・タイヤ・プラスチック製品・電子機器など多くの関連産業から構成されている。さらに、それらの原材料を製造する金属・ゴム・プラスチックなどの素材産業も関連しており、派生的なエネルギーを必要とする。

この関係を単なる積み上げで推計することは、ほとんど不可能である。それでも、「産業連関分析」という手法を適用すると、一般ユーザーが消費する金額に対してどのくらいのエネルギー（ここでは電力）が派生的に使用されているか推計できる。２０１５年６月に最新の２０１１年産業連関表確報が公開されたが、データ対象期間が11年１～12月であり、東日本大震災をはさむ。そこで、１回前の２００５年産業連関表を使用して検討した（総務省ウェブサイト「産業連関表」）。

図７　各種産業の購入者価格100万円あたり電力誘発量

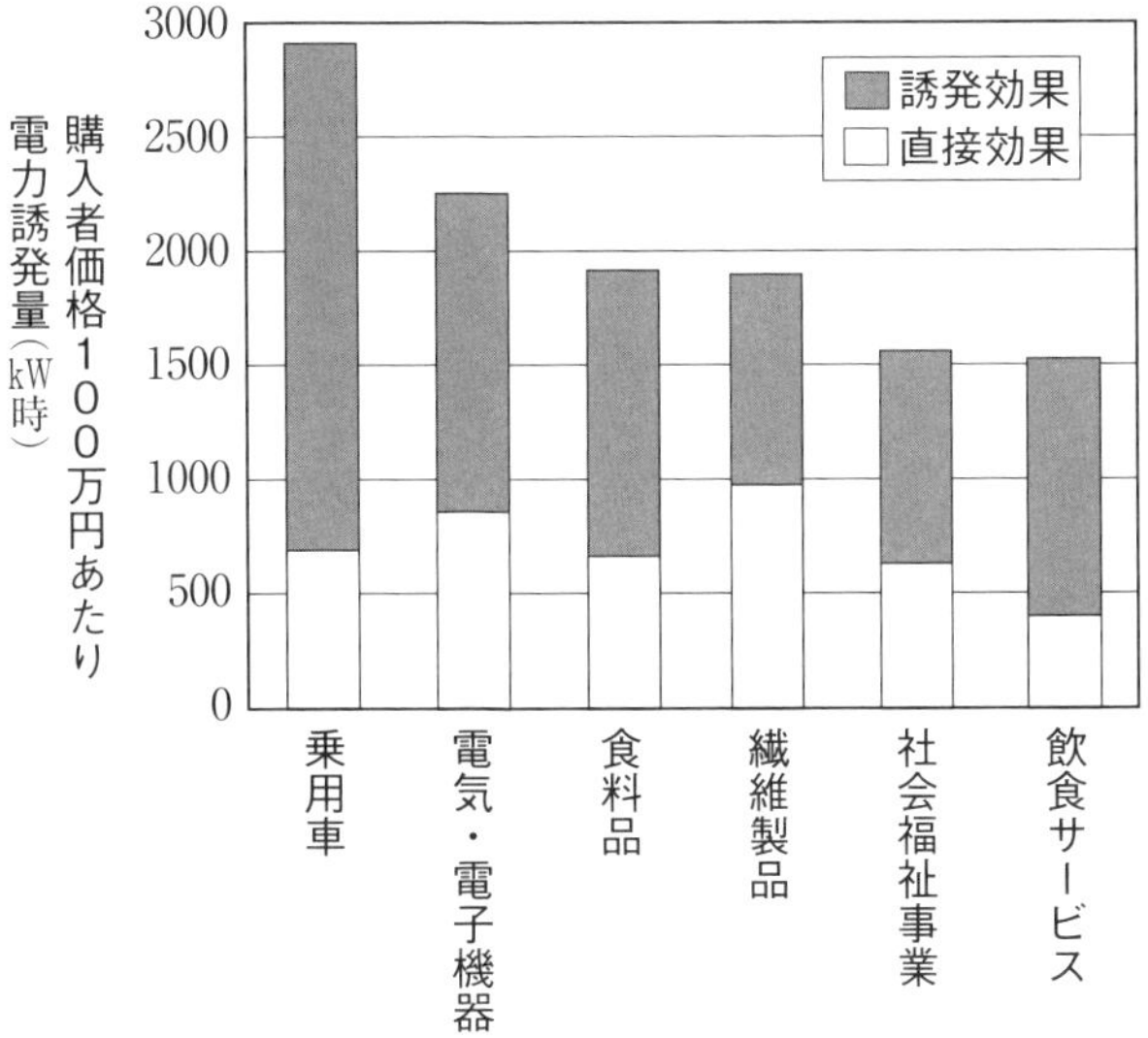

（出典）「産業連関表」をもとに筆者計算。

その結果、図７のように一般ユーザーが購入する金額１００万円あたり、乗用車は約７００kW時の直接の電力需要（自動車産業が必要とする電力）と、約２２００kW時の誘発需要（関連産業や素材産業が派生的に必要とする電力）をもたらす。これに対して、性格の異なる第三次産業では、約５００kW時の直接需要と約１０００kW時の誘発需要となり、およそ半分である。すなわち、在来型のガソリン（ディーゼル）

自動車も、走行時に電力を使っていないように見えて、実は「走る原発」の性格を持っている。

さらに、「走る原発」の別の側面を考えてみたい。電力不足が懸念された2011年の夏には家庭での節電も強力に呼びかけられ、「熱中症を起こさない程度にエアコンを使用しましょう」との注意が付されるほどであった。しかし、カーエアコン使用自粛の呼びかけは聞いたことがない。カーエアコンを使用すると車内は冷房されるが、エアコンの駆動のためにエンジンの動力の一部を使う。だから、エンジンに負荷がかかり、燃料を余計に消費し、その分は大気中に放出される。

日本自動車工業会によると、外気温25℃のときにカーエアコンを使用すると12%程度燃費が悪化すると報告されている（日本自動車工業会「エコ・ドライブ」http://www.jama.or.jp/user/eco_drive/）。また、車両の燃料系統に精密流量計を設置して測定した報告（石谷久ほか「都市内走行実験におけるハイブリッド電気自動車（HEV）の燃費性能評価」『エネルギー経済』25巻7号、1999年）では、いわゆる「大衆車」クラスでカーエアコンの負荷は5・5kW相当と推定されている。カーエアコンを使用すると、自動車が停止していても動力源としてアイドリングを必要とする。家電製品のエアコンは冷房運転での運転消費電力が平均1kW前後であるから、カーエアコンのエネルギー消費量はかなり多い。

2011年夏の自動車燃料消費率（経済産業省ウェブサイト「資源・エネルギー統計」）から計算すると、乗用車のカーエアコンの作動分だけで、大型の火力発電ユニットの6～7基分に相当する石油を消費している。自動車の燃料はガソリンか軽油、火力発電所の燃料は重油で、いずれも原油から分離・精製される成分である。原子力を推進する論者は、原発を停止するとその代替に化石エネルギーを輸入しなければならないから国富の流出だと問題視する。だが、自動車こそ化石エネルギーの大量需要を発生させており、国富流出の要因である。

しかも、カーエアコンからの廃熱は、農山村など人口密度が低い地域では直接的な問題にはならないが、多数の自動車が集中する都市では気温を上昇させ、それが夏期の冷房電力ピーク需要を押し上げる。これに自動車を走行させるためのエネルギーが加われば、いかに大量の熱が都市空間に放出されているか理解できるであろう。このような人工的な廃熱が自然の熱循環に対して無視できない量に達し、都市気象に直接影響を及ぼしかねない事態になっていると指摘する報告（斎藤武雄『地球と都市の温暖化』森北出版、１９９３年）もある。この意味でも、とくに都市内での自動車の利用は、間接的に原発を動かす要因になる。

図８　エコカーの普及状況

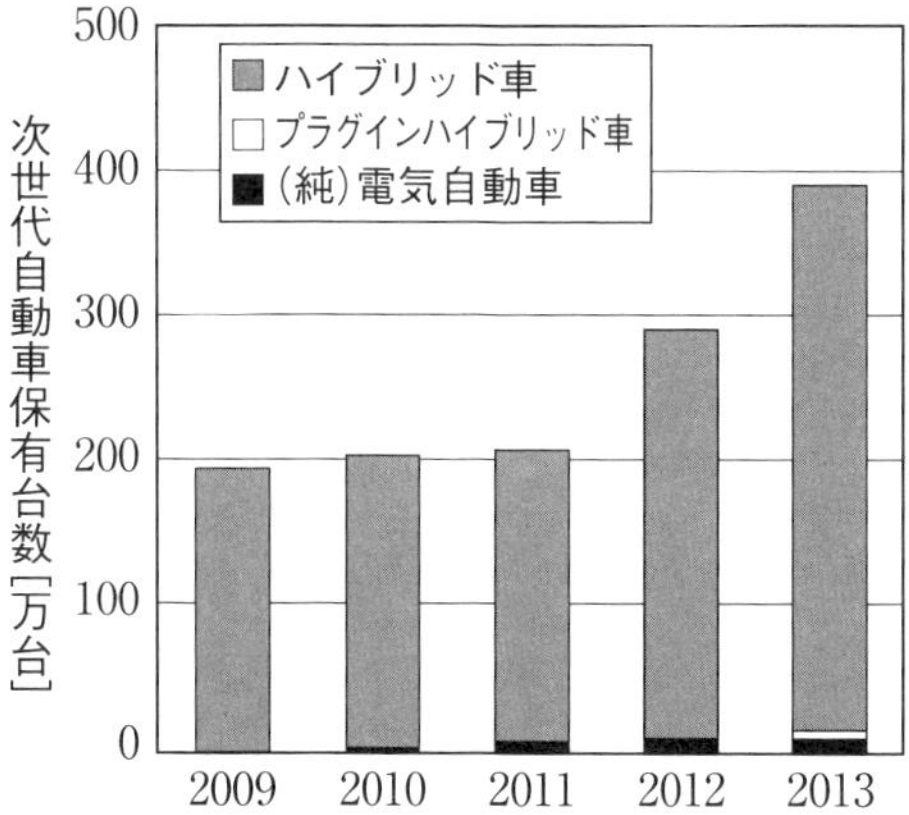

（出典）次世代自動車振興センターウェブサイト。
http://www.cev-pc.or.jp/tokei/hanbai.html

省エネ効果が不明なエコカー

エコカーのうち現時点でもっとも普及しているのはハイブリッド方式である。１９９７年にトヨタが市販車として「プリウス」を販売開始後、図８のように２０１３年度で保有台数は４００万台近くに達している。39・40ページで指摘したように、エコカーには各種の補助金・減税を用いて普及策が講じられている。この公費投入に対して、本来の「省エネ効果」は挙がっているのであろうか。

図９は経済産業省の統計から、各年の月別の自動車用ガソ

図９　自動車用ガソリン出荷量の推移

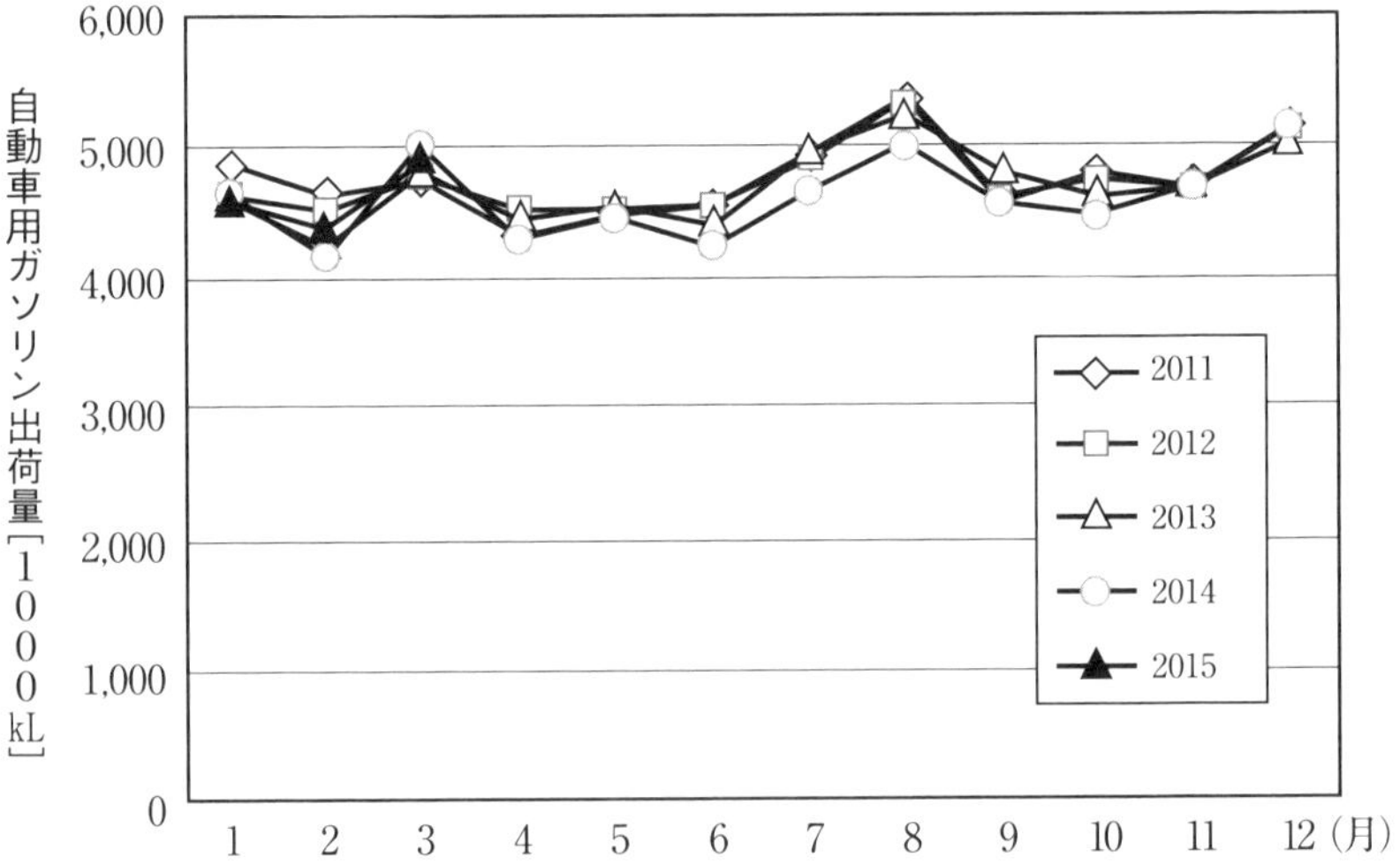

（出典）経済産業省ウェブサイト「経済産業省生産動態統計・時系列表」。

リン出荷量をこの5年間分示したものである。ほとんど変化がなく、エコカーの増加に伴って年々ガソリン消費量が減少している効果はみられない。液体燃料（ガソリン）の形で自動車に供給されたエネルギーの8割以上が、内燃機関の効率の低さから有効利用されずに大気中に捨てられている事実（32ページ参照）のもとで、自動車に依存した社会はいっこうに転換の兆しがない。

　ところが、販売されている大半の車種がエコカーに該当する。このため、エコカー補助金・減税は、本来の目的であるはずの「省エネ効果」の実効性は疑わしい一方で、実質的には自動車販売促進策となっている。この面からも、燃料電池車や電気自動車を議論する以前に、エコカーそのものについて意義を見直す必要がある。

第２章

「夢の水素社会」は本当か？

水素利用の歴史

燃料電池車が称揚される一方で、その燃料となる水素については基本的な情報があまり知られていない。

筆者は１９７０年代の学生時代に、水素エネルギーに関するテーマで卒業論文を作成した。初期の化学工業では、研究者の経験と試行錯誤によって新しい製造プロセスが開発されてきた。しかし、現代の化学工業では、目的の物質を工業的に製造しようとする場合、より体系的・予測的な製造プロセスの構築が求められる。そのころは、コンピュータの発達に伴ってそうした研究が注目されるようになっていた。

当時はエネルギー政策を深く考えたわけではなく、研究室の指導教員から提示されたテーマを担当しただけであるが、水素が取り上げられた背景は１９７３年の第四次中東戦争に端を発する第一次石油危機である。高度成長に邁進していた日本経済に冷水を浴びせる事態であった。

このような時期に開始されたのが「サンシャイン計画」である。エネルギーの中東依存度の低下など安定的確保を目標に、石炭液化・地熱利用・太陽熱発電・水素の製造・利用技術などが主要テーマとして掲げられていた。その後「ムーンライト計画（主に省エネルギー技術を中心とした技術開発、１９７８～93年）」が加わり、さらに「ニューサンシャイン計画（サンシャイン計画とムーンライト計画を統合した呼称、93年～２０００年）」への変遷を経て、現在に至っている。

水は自然界にも大量に存在し、よく知られるとおりH_2OすなわちＨ（水素）とＯ（酸素）の単純な化合物である。ただし、ＨとＯとの結合が強固（安定な化合物）であるため、分解は容易ではない。もっとも単純には加熱によってＨとＯに分解できるが、３０００℃以上の高温が必要となり、工業化は現実的ではない。工業的に成り立つ方法としては、小学校の理科の実験でも登場する電気分解がよく知られており、電力が安価な地域では実用化されている。しかし、現在は、工業的に水素を大量生産するには化石燃料（石油や天然ガス）から製造する方法が大部分を占める。わざわざ化石燃料から製造する理由は、エネルギー源としてよりも化学原料として水素が必要だからである（後述）。

これに対して、エネルギー源として利用する水素を製造する技術として「熱化学法」がある。水を単独で加熱するのではなく、いったん別の物質と結合させることによって、より低い温度で分解が可能となる。この熱化学法によれば、１０００℃以下の温度で水を水素に分解できる。このレベルの温度ならば通常の化石燃料の燃焼でも得られるが、化石燃料を利用したプロセスでは製造過程で必ずCO_2が発生する。一方、高温ガス炉（原子炉）では１０００℃前後の熱が得られるため、高温ガス炉を熱源として熱化学法を組み合わせれば、CO_2を発生しない熱源によって水素を製造できる。

熱化学法には無数の物質の組み合わせが考えられる。現時点で実用化が見込まれているのは、媒介物質としてヨウ素と硫酸を使うＩＳ法（78ページ参照）というプロセスである。なお、ここでいう「ヨウ素」は化学原料としてのヨウ素であり、福島事故で放出された放射性ヨウ素とは関係ない。

筆者の卒論の検討は熱化学法の部分だけであり、熱源については、当時まだ構想段階だった高温ガス炉ができたものとして、という前提ですませてしまった。もっとも当時は、高度成長の只中ではあるが原子力発電が始まったばかり。石油危機を背景に石油依存度の低下が急務と叫ばれていたものの、商用運転していた原発は日本最古の日本原子力発電東海発電所（茨城県東海村、現在廃炉）をはじめ８炉だけであった。

ところで、サンシャイン計画から40年経った現在も、水素エネルギー体系はまだ実用化されていない。多くのテクノロジーは、発端はＳＦ映画の世界であっても、40年も経てば実用化する。携帯電話はその一例である。筆者は大学を卒業してからも化学関係の仕事をしていたので、水素エネルギーについてときおりサンシャイン計画やその後継プロジェクトの情報を耳にする機会があった。だが、エネルギーとしての利用はさほど進展もなく、話を聞くたびに「まだやってるの？」というのが正直な感想であった。経済的・社会的に合理性が乏しいために、自ずと選択肢から除かれてきたのではないかとも考えられる。

原子力と表裏一体の「水素社会」

２０１４年7月18日に安倍首相は「北九州水素ステーション」を訪れ、トヨタの燃料電池車に試乗した折に、普及のため1台あたり少なくとも２００万円を補助していきたいと発言した。さらに、はじめにで述べたようにその半年後に官邸で燃料電池車の試乗会が開催され、水素のセルフスタンドを実現すると発言した（各社報道記事）。補助額については当初２００万〜３００万円と報道されていたが、２０１４年12月に、２０２万円の直接補助に加えて23万円の減税と決まる（40ページ参照）。安倍首相は２０１３年5月の「成長戦略第2弾スピーチ」においても燃料電池車に言及している。

「私は、新たなイノベーションに果敢に挑戦する企業を応援します。その突破口は、規制改革です。例えば、燃料電池自動車。二酸化炭素を排出しない、環境にやさしい革新的な自動車です。しかし、水素タンクには経産省の規制、国交省の規制。燃料を充てんするための水素スタンドには、経産省の規制の他、消防関係の総務省の規制や、街づくり関係の国交省の規制という、がんじがらめの規制の山です。一つずつモグラたたきをやっていても、実用化にはたどりつきません。これを、今回、一挙に見直します」（官邸ウェブサイト　安倍総理「成長戦略第2弾スピーチ」２０１３年5月17日）

燃料電池車と、その前提となる水素については、「日本再興戦略」にも記載されている。

「○安全性が確認された原子力発電の活用

いかなる事情よりも安全性を全てに優先させ、国民の懸念の解消に全力を挙げる前提の下、原子力発電所の安全性については、原子力規制委員会の専門的な判断に委ね、原子力規制委員会により世界で最も厳しい水準の規制基準に適合すると認められた場合には、その判断を尊重し原子力発電所の再稼働を進める。その際、国も前面に立ち、立地自治体等関係者の理解と協力を得るよう、取り組む。

また、放射性廃棄物の減容化・有害度低減のための技術開発、核不拡散の取組、高温ガス炉など安全性の高度化に貢献する技術開発の国際協力等を行うとともに、こうした分野における人材育成についても取り組む。

○水素社会の実現に向けたロードマップの実行

水素社会の実現に向けたロードマップに基づき、水素の製造から輸送・貯蔵、そして家庭用燃料電池（エネファーム）や燃料電池自動車等の利用に至る必要な措置を着実に進めるとともに、産学官から成る協議会において進捗のフォローアップを行う」（官邸ウェブサイト「日本再興戦略」改訂２０１４―未来への挑戦―２０１４年6月24日）

ただし、項目のほとんどは、福島事故前から提示されている内容の看板架け替えである。原発再稼働も同様に、福島事故前に戻す「戦略」である。規制を一挙に見直すとしているが、技術的な規制は過去の事故例などを教訓に積み重ねられてきたものであり、「一挙」とかけ声をかけても物理・化学の法則が変わるわけではない。

「日本の技術は世界一」という幻想が「もんじゅ」でも六ヶ所再処理工場でも福島事故でも事実として崩壊しているのに、またしても幻想を前提とした政策を強行しようとしているのではないか。

このように幻想だけが先行して広まる一方で、マスコミにも水素についての初歩的な知識が普及していない。たとえば『日刊工業新聞』に次のような記事が掲載された。

「東芝は13日、水と再生可能エネルギーで無尽蔵に水素をつくり出す〝究極のエネルギーステーション〟の実用化を目指した実証実験を川崎市と始めると発表した。実証システムを市内臨海部に設置し、2015年4月から運転する。水素をガスや電力に頼らずに〝CO_2フリー〟で作る世界でも例のない取り組みだ。…中略…太陽光パネルは出力25キロワット。タンクには275ニュートン立方メートルの水素を貯蔵できる」(2014年11月14日「東芝、水と再生エネで無尽蔵に水素製造――〝究極のエネ拠点〟実現へ」)

記事の後半に「タンクには275ニュートン立方メートルの水素」とあるが、これはガスの体積を表す「Nm^3」(43ページ参照)の「N」を力の単位である「ニュートン」と誤解したために、ガスの体積を力の単位で表記するという意味不明の記述となっている。専門紙の記事でもこのレベルであるから、水素のエネルギー利用は一般の人にはますます馴染みがない。むしろ、水素について人びとがよくわからない状況を逆用して「水素社会」のプラスのイメージだけを膨らませ、舞台裏では原子力の温存に結びつけて福島以前の状態に戻そうとする意図に注意しなければならない。

なお、水素ガスについては漏洩・爆発などの危険なイメージがあるが、現時点では水素そのものの取り扱い技術はほぼ確立していると考えてよいであろう。国内では戦前から１９７０年代ころまでは各地の都市ガスとして石炭から生成するガスが用いられており、その中には水素が50％程度存在していた。また、石油精製工場などでは前述のように水素は日常的に取り扱われている。

もちろん、事故あるいは故意による漏洩の場合の危険性はあるが、工業的には現在の天然ガスと同程度のリスクと考えられる。ただし、水素に関して知識も経験もない不特定多数の利用者が水素を取り扱うようになった際に、どのようなリスクが生じるかは予測しがたい。

「ＭＩＲＡＩ」の「燃費」をチェックしてみた

既存の液体燃料であるガソリンや軽油の燃費（燃料1リットルあたり走行できる距離）は、一般ユーザーにもよく知られている。これに対して、燃料電池車に関するエネルギー効率はどのような考え方で評価されるのだろうか。

水素そのものについて不正確な情報が蔓延しているのと並行して、水素燃料も一般ユーザーには馴染みがないためか、自動車雑誌やインターネットの自動車関連サイトには燃料電池車の燃費についてまさにでたらめな解釈が頻出している。そこで、水素を燃料電池車に利用した場合の燃費について基本的な事項を整理してみよう。

「ＭＩＲＡＩ」の燃料タンクは圧縮水素（液化していない）を充填する容器である。内容積は１２２リットル（2つに分かれているタンクの合計）であり、圧力は最大70MPa（メガパスカル、従来の慣用単位では約700気圧）で使用するとされている。すなわち、水素ガスを約700分の1の体積に圧縮して保有している。このタンクがフル充填状態のとき、中身の水素ガスを大気温・大気圧に開放したとすれば、約86N㎥の水素が保有されている。

ただし、ガソリン車の場合、完全にガス欠になってからでは救援を依頼しないと動けないから、燃料計がゼロでもタンクには若干の余裕燃料が残っている。同様に、燃料電池車の水素充填時間は、タンクがまったくゼロの状態からではなく、残存状態が10MPaの状態から70MPaまで充填する時間を表示している（トヨタ公式ウェブサイト http://toyota.jp/mirai/performance/）。これらの数値と、日本自動車研究所が推計した燃料電池車のエネルギー消費率を用いて計算すると、航続距離は理想的な条件（いわゆるカタログ燃費）では約1100㎞となるが、35ページで示したように、実際の路上での航続距離はその3分の2程度に低下することが知られているから、それを考慮すると約700㎞となる。

実際には、「MIRAI」は「参考値」として1回の充填で航続距離650㎞という数値を提示している（前述トヨタ公式ウェブサイト）。不特定多数の一般ドライバーが使用する状況では、理想値でなく堅実な数値を表示しなければ燃料切れ立往生を招き、批判を受けることになるからであろう。もちろん、燃料タンクを大きくすればその内容積に比例して航続距離は伸びるが、通常のセダン型の車体に収めるためには大きさの制約がある。トラックやバスに使用するのであれば、車体の形状からタンクの大きさに対する制約は少なくなる。

なお、2015年6月時点の「MIRAI」市販車の水素タンクは前後2カ所に分かれている。技術的には2カ所に分ける必然性はなく、むしろ部品や制御機構が増えて非効率的である。充填圧力を高めて１つのタンクにより多くの水素を貯蔵できれば、タンクを分ける必要はない。これは、後述する水素スタンドの普及の制約とも合わせて、市販車として販売されたといっても実用レベルでのシステムとしては成熟していないことを示している。

水素は「いくら」か

燃費に関する一般ユーザーの関心は、技術的な分析よりも燃料費であろう。水素の大量供給システムは、まだ机上の想定の段階である。仮に大量供給体制が確立したとしても、依然として化石燃料の利用も続くであろうから、価格は化石燃料価格の影響を受ける。このように不確定な要素が多いが、エネルギー業界関係者などにヒアリング調査（山地憲治ほか「将来エネルギーとしての水素の可能性」『エネルギー・資源』35巻1号、２０１４年）したところによると、将来的に自動車用では１Ｎ㎥あたり40円程度なら商業的に許容できるとの回答が得られたという。

この価格をエネルギー基準（水素あるいはガソリンを燃焼させたとしたときの同じ発熱量あたり）でガソリンに換算すると、１リットルあたり１２０～１３０円前後に相当する。ガソリン価格は原油価格に影響されるので将来予測は不確実であるが、２０１５年５月時点のガソリンの実勢価格は1リットルあたり１３０～１５０円程度である。一方で、燃料電池車とガソリンハイブリッド車の走行距離あたりのエネルギー所要量を比較すると、燃料電池車が同等か、やや良いとみられる。

以上をまとめると、燃料電池車とガソリンハイブリッド車の走行距離あたりの燃料費は、実用段階ではおおむね同等と考えてよいであろう。

燃料電池車は補助金で走る

前述のイーロン・マスク（テスラモーターズ経営者）はじめ、燃料電池車に否定的な論者は、補助金の問題も一つの理由として指摘している。すなわち、日本では223万円という高額な公的補助が提供されているが、他の国ではそうした条件は用意されていないので海外での展開は期待できない、いわゆる「ガラパゴス化」という見方である。同時に、インフラ（水素スタンド）の制約も指摘している。水素スタンドの技術的な問題点はすでに指摘したが、いずれにしても現在は試験段階であり、商業的な採算性を評価できる段階ではない。

在来のガソリンスタンドを乗用車の保有台数との関連でみると、全国平均ではスタンド1カ所あたり約2000台の割合（最大は中部地方の3900台、最小は四国地方の1500台）となる。そして、前述したように、採算が取れないスタンドが多いため、減少が続いている。

一方で利用者は、燃料電池車についてもあくまで「走行㎞あたりの燃料費は在来車並み、あるいはそれ以下」を求めるはずである。商業的に水素の価格はガソリンと同程度という条件ならば、水素スタンドが商業的に成立するためには、ガソリンと同様にスタンド1カ所あたり少なくとも約2000台の利用者の存在が必要と考えられる。現状で、そのような条件はまったく成立していないから、今後長期間にわたって莫大な補助金をばらまかなければ水素供給のインフラを維持できない。

次世代自動車振興センターは、水素供給設備（水素スタンド）の整備を行う事業者に対する補助金の交付も行っている。水素供給能力や設備の構成に応じて、補助金のランクは異なる。一例では、１時間あたり３００Nm^3の水素供給能力の設備に対して、最大で２億９０００万円の補助枠が設けられている。

１時間あたり３００Nm^3の水素とは、ガソリンに換算すると１時間あたり94リットルにすぎない。これは、ガソリン車なら１時間に２〜３台の乗用車が立ち寄るだけの零細スタンドの規模である。そこに億単位の補助金が提供される。いま地方都市や農村部での自動車交通を維持するために、少ない需要で経営に苦労している既存のガソリンスタンド事業者に対して、きわめて不公平な施策ではないか。

安倍首相は、水素の供給インフラの促進策として、ガソリンスタンドに水素スタンドの併設を可能とする（消防法）、水素充填のセルフ操作を認める（高圧ガス保安法）、市街地における水素貯蔵量の規制を緩和する（建築基準法）などの規制緩和を強調した。しかし、技術面の規制を緩和したところで、採算ベースで運営できる水素スタンドが全国に普及するわけではない。

水素の作り方

ここでは、各種の水素の製造法とその特徴や相関関係についてまとめる。元素としての水素は、さまざまな形で地球上に大量に存在している。代表的には水（水蒸気）であるが、石油・天然ガス・石炭や植物中にも存在している。ただし、前述のように水素（H）と酸素（O）との結合は強固（安定な化合物）であるため、

表4　各種の水素製造法

分　類	方　法	原　料	エネルギー	商用利用上の特徴・問題点
直接分解	電気分解	水	電気(一次エネルギーとしては原子力・火力・再生可能エネルギーなども適用可能)	【商用利用中】国内の電力では非効率 海外の電力の安価な地域では有効
	高温電気分解	水		【開発段階】
	ソーダ工業の副生物	水	電気	【商用利用中】副生物なので主製品の生産量以上には製造されない 「水素社会」の主力ではない
化学的プロセス併用	炭化水素の水蒸気改質法	水 炭化水素(メタン・ナフサ等)	化学反応(燃焼エネルギー)	【商用利用中】現時点ではもっとも安価で主力 CO_2が発生する
	石炭ガス化	水 石炭(低質炭利用可)	化学反応(燃焼エネルギー)	【開発段階】商用利用が可能なレベル CO_2が発生する
	熱化学法	水	原子力	【開発段階】原子力の熱を利用すればCO_2が発生しない IS法が有力とみられる
生物化学的プロセス併用	微生物による水素発酵	植物バイオマス	少量(電気など)	【開発段階】CO_2・有機酸が発生し、後処理が必要 主力ではない

（出典）各種資料より筆者まとめ。

水を直接分解するには電気分解など特別な方法を必要とするとともに、多くのエネルギーを必要とする。これに対して石油・天然ガス・石炭に結合している水素は、水に比べると化学的に「はずれやすい」ので、より低い温度あるいは少ないエネルギーで製造プロセスを操業できる。各種の方法を表4に示す。

なお、福島事故に際して「水素爆発」という用語が人びとの知るところとなった。このときの水素は、水蒸気が燃料棒被覆管の高温の金属材料に触れて発生したものである。軽水炉では通常運転時にも水素が発生するため、反応させて水に戻す処理（再結合器という装置）を行っている。福島事故では燃料が溶融して水素の発生が増加するとともに、処理装置も機能せず、蓄積した水素が爆発に至った。このような経路によっても水素は生成するが、これを工業的に利用するプロセスはいまのところ考えられていない。

①電気分解

小中学校の理科実験の定番メニューである、水の電気分解（電解）と同じ原理。工業的な電解プロセスで伝統的に用いられてきた方法は、アルカリ水電解である。単なる水に通電してもほとんど電解が起きないので、水に水酸化カリウムや水酸化ナトリウム（電解質）を加えて、通常は30％程度の水溶液として電解する。この点は理科実験でも同様で、水酸化ナトリウム・食塩・ミョウバンなどを水に溶かして行う方法が用いられる。

ソーダ工業、すなわち塩（NaCl）から苛性ソーダ（NaOH）を製造する際にも、アルカリ水電解と類似した電解反応により水素が生成されるが、目的とする主製品は苛性ソーダであり、水素は副生物である。このため、苛性ソーダの需要量に比例した発生量が上限であり、本格的な「水素社会」に対応するだけの量は製造できない。なお、この際には塩素（Cl_2）も副生物として発生し、有毒ガスであるため別途処理が必要となる。

アルカリ水電解は理科の実験をそのまま大きくしたようにタンクに電極を吊るすだけなので、構造が単純という特徴があるが、タンクに大きな面積を必要とする。ソーダ工業の副生物として、年間数百億N㎥の水素生産は期待できない。電解の方法を改良したいくつかのプロセス（高温アルカリ電解・高分子電解質膜電解法・高温水蒸気電解法）も提案されている。だが、画期的な効率の向上は見込めず、実績が少ないか、もしくは試験段階である。

以上をまとめると、実用上の電解プロセスでは1N㎥の水素を発生させるのに4～5kW時の電力が必要となる（阿部勲夫「水電解法による水素製造とそのコスト」『水素エネルギーシステム』33巻1号、2008年ほか各種資料より）。

②炭化水素からの製造

水を直接電気分解する方法に対して、別の物質を媒介としてHとOを切り離す方法がある。その一つとして、炭化水素の水蒸気改質がある。炭化水素は、炭素と水素の化合物の一般名称である。水素の原料となりうるのは要するに化石燃料、すなわち石油系の液体・天然ガス・石炭などが考えられる。炭化水素から水蒸気改質法によって水素を製造する反応を一般化して表現すると、次のようになる。

［炭化水素］＋［水蒸気］→［一酸化炭素］＋［水素］

［一酸化炭素］＋［水蒸気］→［二酸化炭素（CO_2）］＋［水素］

すなわち、水（水蒸気）を媒介にした化学反応により、炭化水素から水素を引き抜いて、相方の残った炭素が二酸化炭素（CO_2）になる化学反応である。なお、炭化水素は、炭素と水素の化合物であれば何でも適用可能であり、天然ガスや原油掘削に伴って生成する随伴ガス、石油系の液体（重油など）が、同じ原理で水素の発生源として用いられる。また、石炭のガス化による水素製造プロセスも、途中の過程が少し複雑になるが、最終的には炭化水素から水素を引き抜いて、片方の残った炭素が二酸化炭素（CO_2）になる結果は同じである。

現在は、この炭化水素の水蒸気改質による水素製造が世界的に製造量の大半を占めている。これはエネルギーとしての水素ではなく、石油を燃料として使用する際に、大気汚染の原因となる硫黄をあらかじめ取り除いたり、重油などの低品位の石油製品をガソリンなどの付加価値の高い石油製品に転換するための副原料として用いることを主目的に製造される。

いずれにしても、炭化水素を原料として水素を製造すると、その製造量に比例して二酸化炭素（CO_2）の発生が不可避である。また、この反応を起こさせるには外部から熱を加える必要があり、現状では化石燃料の燃焼を用いるので、この意味でもCO_2フリーではない。せっかく気候変動防止のためにCO_2を減らそうとしているのに、増やしているのと同じである。この問題については後述（80〜84ページ）する。

さらに、水蒸気を使わずに水素を発生させる方法もある。都市ガスや練炭を不完全燃焼させると一酸化炭素が発生する。この方式は、いわば炭化水素を意図的に不完全燃焼させる方式である。

［炭化水素］＋［空気］→［一酸化炭素］＋［水素］

この方式でも水素を生成できるが、生成ガスには一酸化炭素その他多種の化学物質が混在するので、それらを分離して工場内のガス燃料や、下流のその他の化学プラントに送って原料として利用する。すなわち、エネルギー源としての水素製造の目的だけに使用するのではなく、他の化学プラントとの組み合わせにおける構成要素の一つである。もし水素を得ることが主目的であれば、前述の反応の一酸化炭素に酸素（空気）を加えて二酸化炭素（CO_2）にした後に水素を分離する方法もある。ただし、CO_2が発生する結果には変わりない。

③熱化学法

いくつかの化学物質を媒体として水をHとOに分解する点では、水蒸気改質と同じである。媒介となる化学物質がプロセスの中で循環使用されて系外には出てこないため、全体としては水を投入して水素と酸素だけが系外に出てくる。多くの組み合わせが提案されたが、現在はＩＳ法すなわちヨウ素（Ｉ）と硫黄（Ｓ）の化合物を媒体として水をHとOに分解する方式が有力である。その概要は以下の反応で構成される。

［水］＋［二酸化イオウ］＋［ヨウ素］↓［硫酸］＋［ヨウ化水素］
［硫酸］↓［水］＋［二酸化イオウ］＋［酸素］
［ヨウ化水素］↓［水素］＋［ヨウ素］

一連の反応を繰り返すことにより、硫酸やヨウ化水素は内部で循環しているだけで系外に出ない。全体としては水を供給すると水素と酸素だけが出てくるプロセスとなり、二酸化炭素（CO_2）は生成しない。ただし、反応を起こさせるためには外から熱を加える必要がある。ＩＳ法では１０００℃前後の熱が必要であり、熱源は何でもよいが、化石燃料の燃焼を熱源にするのではCO_2が発生してしまう。そこで、Ｃ

CO_2が出ない熱源として高温ガス炉を利用する構想がある。

現在の原子力発電に使われている軽水炉（冷却材に水を使用する）では、原子炉の外に取り出せる温度が３００℃前後である。これに対して高温ガス炉では１０００℃前後の温度が取り出せるため、これをＩＳ法の熱源として利用する方式である（１０７ページ参照）。ただし、現状ではＩＳ法の部分が小規模の実験プラントとして成功しているものの、原子炉と組み合わせた試験はまだ行われていない。

水素の輸送と精製

水素はもっとも分子量が軽い（蒸発しやすい）ガスで、沸点はマイナス２５３℃である。大気圧のもとで、この温度以上では蒸発して気体になってしまう。現在の国内の水素の流通は、化学工場内や隣接した工場間の配管でやり取りする以外は、圧縮してボンベ（容器）で輸送する方法が大部分である。しかし、重い金属のボンベ（容器）を必要とするので大量の輸送には適さない。これに対して、水素を液化すると標準状態のガスの約８００分の１の体積となるため、タンカーでの大量輸送には液化が必要となる。

水素を液体状で輸送するには大別して二種類あり、①水素そのものを圧縮・加圧して液化する方法と、②水素を他の物質と結合させて液体となる化合物を合成して取り扱う方法が検討されている。

前者の直接液化は、もともと米国やヨーロッパを中心に宇宙ロケット向けの技術として発達してきた。液化するには高圧かつ超低温にしなければならず、多大な動力を必要とするうえに、マイナス２５３℃の超低温を扱うために特殊な機器や材質が必要となる。

一方、他の物質と結合させる方法としては、水素（H_2）とトルエン（$C_6H_5CH_3$）と反応させてメチルシクロヘキサン（$C_6H_{11}CH_3$）（常温で液体になる）を合成する方法が開発され、実証試験の段階にある。この場合は標準状態のガスの約５００分の１の体積の液体となり、機器や材質についても液化水素より条件が緩和されるので、タンカーでの輸送に適する（岡田佳巳・安井誠「水素エネルギーの大量貯蔵輸送技術」『化学工学』77巻1号、２０１３年）。このほか、水素を空気中の窒素（N_2）と結合させて生産地でアンモニアすなわちNH_3を合成し、これを液化してタンカーで輸送して、消費地で再び窒素と水素に分解して用いる方法も提案されている（雑賀高「水素キャリアとしてのアンモニア利用」『エネルギー・資源』35巻1号、２０１４年）。ただし、アンモニアの毒性の点などからまだ構想段階である。

このように水素を製造するプロセスは数多いが、製品水素の純度は95〜99％であり、そのままでは燃料電池の燃料として使用できない。高純度に精製する必要がある。燃料電池用の水素の品質はＩＳＯ（国際標準化機構）１４６８７―2が基準となっており、水素の純度は９９・９７％以上、その他不純物の規格も厳しく定められている。不純物を除去して生成するには多くの場合ＰＳＡ（Pressure Swing Adsorption、圧力変動吸着法）が用いられる。この装置は簡単にいうと菓子袋に入っている吸湿剤と同じで、空気中の湿分（不純物）を除去して空気（目的とするガス）を乾燥する原理である。

「CO_2フリー水素」のまやかし

２０１５年1月27日の『日本経済新聞』に「水素サプライチェーン」のプロジェクトが紹介された。これを例に、水素の大量供給に関する問題点を指摘しよう。その概要は、海外で水素を製造してタンカーで日本に持ち込む事業である。記事では「オーストラリアや中東の安い燃料を使い水素を大量製造」→「極低温や化学品合成などで水素を液化させて、大量輸送」とのフローが示されている。

ここで問題は、「安い燃料を使い水素を……」の部分である。オーストラリアの場合は褐炭、中東の場合は天然ガスや原油掘削に伴って生成するガス（随伴ガス）の利用が想定されている。褐炭は低品位（水分が多い、炭化が進んでいないなど）で、火力発電には使えない石炭である。要するに安い燃料というのは化石燃料であり、炭素と水素の化合物（炭化水素）である。

このようにして製造された水素が「CO_2フリー水素」すなわち二酸化炭素（CO_2）を発生しない水素燃料と呼ばれている（エネルギー総合工学研究所「CO_2フリー水素チェーン実現に向けたアクションプラン研究会など」）。だが、前述のように、炭化水素を原料として水素を製造すれば必ずCO_2が発生する。それでは発生したCO_2はどうなるのか、という疑問が生じるであろう。

CO_2は無毒ではあるが、水素の製造に伴って生成した大量のCO_2をそのまま大気中に放出すれば、結局は化石燃料の燃焼と同じであり、大気中のCO_2濃度が上昇して気候変動の促進につながる。そこで、「CO_2フリー水素」の構想ではCO_2を圧縮液化して地下や海底に貯留する前提で検討されており、CCS（Carbon Capture and Storage、二酸化炭素回収・貯留技術）と呼ばれる。

もっとも、「貯留」と称しているものの、現在のところ再利用する方法は考えられておらず、地中投棄・海洋投棄である。投棄する場所と方法は、油田・ガス田の採掘後の空間、地層中の水に溶かし込む、海洋中または海底に流し込むなどである。

つまり、オーストラリアや中東の安い燃料を使って水素を大量製造し、その過程で生成した大量のCO_2はその産地周辺で地中や海洋に投棄して日本には持って来ないという意味で、「CO_2フリー」と称している。このようなタイプのCO_2フリー水素では、依然として化石燃料依存かつ海外依存であることに変わりはない。目先を変えただけのまやかしである。廃棄物を相手国の領土・領海内あるいは公海に投棄するとなれば、化石燃料の直接使用以上に政治的な問題を生ずるおそれもある。この点は核廃棄物でも同様だが、日本のエネルギー政策に共通して「都合の悪い廃棄物は埋めてしまえ」という発想がみられる。

地層中や海底における貯留CO_2の安全性・安定性に関しては、小規模な実験は行われているが、大規模かつ継続的な回収・貯留システムについては実証されていない。長期的・継続的な漏洩が生じた場合は、大気中で燃焼させた場合と同じくCO_2が出てくるから、気候変動対策にはならない。海洋中または海底に投棄した場合、長期的に生態系への影響も懸念される。また、何らかのきっかけで短期的・局所的に大量のCO_2が漏洩した場合は、人体に直接の危険性がある。通常、大気中には21%の酸素がある。この酸素が16%程度以下に減るといわゆる「酸欠」となり、短時間で意識不明などの影響をもたらす。

化学反応を介さずに電解で水から直接水素を製造する場合は、電解用の電力をどのように供給するのかが問題となる。化石燃料の燃焼で発電(要するに従来の火力発電)するのでは、まったく「CO_2フリー水素」ではない。

「CO_2フリー水素」の構想では、北米の水力発電や南米の風力発電によりCO_2を出さない電力を用いる構想が、イラストとしては描かれている。パタゴニア(アルゼンチン)には風力発電の適地があり、ここで大規模ウインドファームを建設してその電力で水素を製造するとの構想もある。しかし、具体的ではな

表５　水素製造法の一次エネルギー源

一次エネルギー源	具体的技術	内　容
原子力(ウラン・プルトニウム)	高温ガス炉	結局は原子力依存 核廃棄物の発生
安価な化石燃料(褐炭・天然ガス・原油随伴ガス)	現地で製造(水蒸気改質) 液化してタンカー輸送	結局CO_2を発生するので、地下や海洋に投棄 CO_2フリーではない
国内の再生可能エネルギー	小規模･特定の地域では可能	国内需要の充足は困難
海外の再生可能エネルギー	現地で製造(電解) 液化してタンカー輸送	

（出典）各種資料より筆者まとめ。

い。バイオマスを利用した水素の製造も可能だが、本格的な「水素社会」が到来するほど大量に供給するとなれば、必要となる敷地面積は非現実的な広さとなる。

以上をまとめると、「CO_2フリー水素」の一次エネルギーと実態は**表５**のとおりである。いずれにしても、一次エネルギー源を海外に求めるのであれば、エネルギーの海外依存は解消しない。結局は原子力が暗に期待され、「CO_2フリー水素チェーン」の資料でもすでに選択肢として組み込まれている（エネルギー総合工学研究所「CO_2フリー水素チェーン実現に向けたアクションプラン研究成果報告書」２０１３年）。

東京都の舛添要一知事は、２０１５年２月３日に開催された水素エネルギーシンポジウムで、東京オリンピックを目標に水素社会の構築を推進することをアピールした。

「水素社会の実現に向けた戦略会議の座長を務める一橋大学の橘川武郎教授らによる講演も行われた。舛添知事は停電時も燃料電池車（ＦＣＶ）から住宅へ電力供給ができる防災性や、様々なエネルギーからつくれるため、資源国の地政学に左右されないといった水素の特徴を強調。都バスへのＦＣＶ導入や基金設置などの施策を説明した。その上で、『１９６４年の前回五輪は新幹線を残したが、今回は水素社会を残したい』

と決意を示した。橘川教授は、国のエネルギーミックス議論を踏まえ、将来的に再生可能エネルギーと組み合わせ、ゼロエミッションエネルギーとして活用しうる水素の特徴を解説。課題として①コスト②社会的受容性③サプライチェーンの一斉立ち上げ―を挙げ、『水素と石炭の安さを組み合わせる』『安心の確保へ地域とのコミュニケーションをきめ細かく行う』といった解決策を提示した（『電気新聞』２０１５年2月4日「水素社会実現に意欲　舛添知事、シンポで強調」）

橘川武郎はゼロエミッションを標榜している。だが、「水素と石炭の組み合わせ」であるならば二酸化炭素回収・貯留技術の採用が不可避であり、なんらＣＯ$_2$フリーではなく、まやかしである。

無尽蔵神話

前出の新聞記事（68ページ）でも、「ＭＩＲＡＩ」のウェブサイトでも、水素について「ほぼ、無限につくり出すことができる」としている。「水の中などに含まれている水素。水を電気分解することで取り出すことができます。さらには、他の物質の中にまで」（トヨタ公式ウェブサイト http://toyota.jp/sp/fcv/h2guide/?adid=ag219_from_cartop_bigbanner.h2&padid=ag219_from_cartop_bigbanner.h2）との記述もある。

しかし、これらの方法の多くは製造過程で水素の製造量に比例してＣＯ$_2$を発生するので、「ＣＯ$_2$フリー」ではない。まして、原子力を利用する場合には「クリーン」エネルギーではない。宣伝文なのにあえて「ほぼ」などと曖昧な表現を用いているのは、この点に対してあらかじめ言い逃れする意図が推定される。

福島事故に際して、根拠のない楽観論を前提として原子力を推進した「安全神話」が批判された。ところが、「水素は水から製造できるから原料は無尽蔵である」とする「無尽蔵神話」の信奉者は、いまも後を絶たないようである。前述のように、「水素社会」を実現しうるような大量の水素を供給するには、原子力か、製造量に比例して大量のCO_2発生が避けられない。

ある報告（堀雅夫「原子力による水素製造―開発動向」『エンジンテクノロジー』41号、２００５年12月）ではＤＯＥ（米国エネルギー省）の報告が引用され、「1ポンドの原子燃料はガソリン25万ガロン相当の水素を炭酸ガス排出なしで生産する」とのコメントが紹介されている。筆者が子どものころには国内の基幹エネルギーとして石炭依存度が高かったため、同じ意味で「ウラン１ｇは石炭３ｔに相当」として夢のエネルギーと喧伝されていた。

１９５０年代に米ソの冷戦を背景とした核開発競争の一方で原子力の「平和利用」が始まり、原子力の優位性が盛んに宣伝された。電気事業連合会では、いまなお「ウラン２３５の１グラムで、石炭３ｔ（トン）、石油２０００リットル分のエネルギーを生み出すことができます。ウラン燃料と化石燃料では、発生する熱エネルギーの量が格段に違います。原子力は、少量の燃料で大きなエネルギーが取り出せるので、燃料の運搬、貯蔵の面でも優れています」としている（電気事業連合会ウェブサイト「核分裂のエネルギー」）。核エネルギーの熱をそのまま発電に利用するか、いったん水素に変換するかの違いはあるが、「無尽蔵神話」に変わりはない。

原子炉を運転すれば、放射性廃棄物が蓄積される。電気出力１００万kW級の商用原発を1年間運転すると、炉の運転経過にもよるが、運転直後には約１５０PBq（ペタベクレル、セシウム１３７）分の放射性物質が生成している。福島事故でさえも、炉内に存在していた放射性物質がすべて飛散したわけではない。環境中に放出された総量は、同じくセシウム137相当分で10～37PBqと推定されている（『国会事故調（東京電力福島原子力発電所事故調査委員会）』参考資料）。すなわち、原発を1年間運転して蓄積される放射性物質は、1基分でも福島事故で放出された放射性物質の10倍にあたる。「無尽蔵」なのは水素ではなく、放射性物質のほうである。

再生可能エネルギーで作ればいい？

CO_2の発生や原子力に行き着くことを避けるには、再生可能エネルギーで発電した電力や、バイオ技術を使って水素を製造すればよい、と考える人も少なくないであろう。この方法は、地域における独立した地産地消システムには適用できる可能性がある。だが、燃料電池車の大量普及、さらには大規模水素発電や産業利用を前提としたいわゆる「水素社会」を想定した場合には、およそ非現実的である。大量生産・大量消費を前提とした自動車社会であるかぎりは、エコカーもCO_2あるいは原子力に行き着く。

通常のアルカリ電解では、1N㎥の水素を製造するのに4～5kW時の電力を必要とする（76ページ参照）。各地の大規模太陽光発電（出力1MW以上の太陽光発電設備は「メガソーラー」と呼ばれる）の実績から推定すると、通路・構造物・変電設備などに必要な敷地も考慮して、総合的に敷地1haあたり年間600～700MW時前後の電力が得られると推定される。これは発電部分だけであり、水素を製造するには電解プラントとその付帯設備、水素の精製・圧縮・貯蔵設備も必要となる。これらを考慮して最終的に水素の精製能力に換算すれば、敷地１haあたりから得られる水素は年間10万N㎥前後と推定される。

一方、日本エネルギー経済研究所の関係者は、燃料電池車用の水素の需要量を推定した（松尾雄司ほか「統合型エネルギー経済モデルによる２０５０年までの長期エネルギー需給見通しと輸入水素導入シナリオの分析」『エネルギー・資源学会論文誌（電子ジャーナル）』35巻2号、２０１４年3月）。同研究所の自動車普及モデルにより推定した台数で、「最大導入」ケースと「中間導入」ケースが設定されている。

「最大」とは、水素利用の技術的・経済的な課題（水素スタンドの整備など）が早期に解消され、燃料電池車が最大限導入されたケースである。そこでは、２０５０年に３３０億N㎥の水素需要量が推定されている。双方の数値よりこの需要量に対応して必要な敷地面積を計算すると、宮城県・秋田県・山形県の全水田面積の合計程度の敷地が必要となる。「CO_2フリー水素」だからといって、それほどの土地を自動車用燃料の製造に占有してしまうことが妥当であろうか。

さらに、大規模水素発電や産業用途にも展開した全面的な「水素社会」の最大導入ケースでは、３５１０億N㎥以上の水素が必要とされている。これを敷地面積に換算すれば、全国の宅地面積合計の２倍以上、あるいは全国の水田面積合計をはるかに超える。非現実的な敷地を必要とするのである。ただし、TPP（環太平洋戦略的経済連携協定）の導入によって国内農家の経営が苦しくなり、太陽光発電に土地を提供するほうが経済的に有利となれば、国内の大半の水田が発電用に大規模に転用される事態もありうる。

他の再生可能エネルギーの使用も考えられるが、やはり制約は大きい。風力や地熱は国内では適地が限られ、敷地も太陽光と同程度に必要となる。面積に比べて人口が少ない地域など、特定の条件では再生可能エネルギーによる水素製造は成立する可能性があるが、本格的な「水素社会」に対応する水素需要が発生すれば、再生可能エネルギーであるにしても一次エネルギー源の国内自給はできない。

結局は前述のように、海外で水素を大量に製造してそれを日本に持ち込むという想定が示されている。しかし、石炭や天然ガス・原油随伴ガスからの水素製造ではCO_2が発生することには変わりないので、何らCO_2フリーではない。CO_2を現地に投棄すれば、国際的な問題が起きる。こうした制約をクリアしようと思えば、原子力が再び登場することになる。

「大きな水素」社会と「小さな水素」社会

太陽光・風力・小水力による発電に関して、需要と供給の時間的タイミングが合わず、また電気しか作れないという制約は、規模の大小によらず共通している。前者の問題へ対応する方法は、蓄電池を変動の緩衝装置として利用することと、水素への変換である。水素へ変換すれば後で電気に変換もできるし、燃料(熱)としての使用もできる。国や企業が推進する「大きな水素」社会とは別の発想による、こうした「小さな水素」社会の実現を試みる活動がある。

たとえば「R水素(再生可能水素)ネットワーク」の活動(「R水素」ウェブサイト http://rh2.org/)は、再生可能エネルギーの利用の推進を基本としている。このプロジェクトは、広域・大量生産・大量消費のエネルギーシステムではなく地域で閉じたシステムを志向し、「脱・化石燃料」「脱・巨大送電網」「地域でお金を回せる(地産地消)」という三原則が提示されている。では、再生可能エネルギーを用いた「小さな水素」社会が成立するには、どのような条件が必要であろうか。

表6　「小さな水素」での太陽光パネルの必要敷地面積

(エネルギー量は1年間あたり)	①用途別エネルギー年間消費量	②水素所要量	③必要電力	④敷地面積
	MJ	Nm³	kWh	m²
乗用車	3万4926	3234	9270	140
暖房	1万0764	997	3279	49
冷房	891	82	271	4
給湯	1万1423	1058	3480	53
厨房	3330	308	1014	15
動力照明その他	1万4327	1327	4364	66
合計	7万5661	7006	2万1679	327

「脱・巨大送電網」「地域でお金を回せる」の原則を守るには、日本の場合、都道府県をまたがる距離では巨大送電網が必要となってしまい、趣旨を逸脱すると思われる。規模的には、一つの市町村か、その隣接市町村の範囲ではないだろうか。そうすると、風力・地熱は特定の条件がそろわないかぎり利用できない。太陽光がもっとも普遍的であり、加えて小水力となるであろう。そこで、太陽光を例として、「小さな水素」社会が成立するには世帯あたりどのくらいの規模の設備が必要かを試算してみた。

日本の平均的な世帯における各種の用途別エネルギー年間消費量は、表6の①のように推定されている(日本交通政策研究会『自動車交通研究2014』2014年10月より)。MJ(メガジュール)で表示した熱量と、それに相当する水素の量を求めると、世帯の消費エネルギーのうち乗用車の占める割合が非常に多いことがわかる。

現状の平均的な世帯のエネルギーを全水素化するにはどのくらいの太陽光発電の敷地が必要かという観点で整理する。なお、水素化に伴って現状で使用されている乗用車や熱利用(空調・給湯)機器の効率が改善される効果もある。たとえば燃料電池車のエネルギー利用効率は、在来のガソリン車(ハイブリッドでない)の2倍程度になると考えられる。そうした効率改善も加味して、太陽光の電力を水素に換算してその場で使うとした場合にどのくらいの敷地面積が必要かを求めた数値が表6の④である。

敷地の所要面積は、平均的な世帯のエネルギーを全水素化するとした場合に約330㎡、乗用車の分を除けば約190㎡となる。日本の平均的な住宅・土地状況は統計によれば、一戸建て住宅（持ち家）で敷地面積平均が270㎡、建築面積平均が約60㎡である（総務省ウェブサイト「住宅・土地統計調査」各年版）ことを考慮すると、大都市圏での全面的導入は難しいであろう。ただし、全体の27％を占める敷地面積300㎡以上の住宅（持ち家）の場合は、工夫しだいで可能と思われる。

なお、この試算は世帯の使用エネルギーをすべて水素に転換するとした場合である。部分的な用途に限れば、面積の制約があっても一定の導入は可能であろう。

ただし、どのようなシステムを導入するにしても、家庭用エネルギー消費の面では個別の世帯における省エネ対策が前提である。いくつかの省エネ対策（省エネタイプの家電製品・自動車への買い替え、住宅の断熱性向上、家庭用太陽光発電設備の導入）によって、水素やスマートグリッドの導入以前に、個別対策でエネルギー消費を4分の1以下程度に節減できるとの試算もある（科学技術振興機構（ＪＳＴ）・東京大学 大学院工学系研究科「くらしからの省エネを進める政策デザイン研究報告」２０１４年11月）。エネルギーの供給側だけでなく、消費側も同時に検討することが必要である。

第３章

原子力延命策としての高温ガス炉

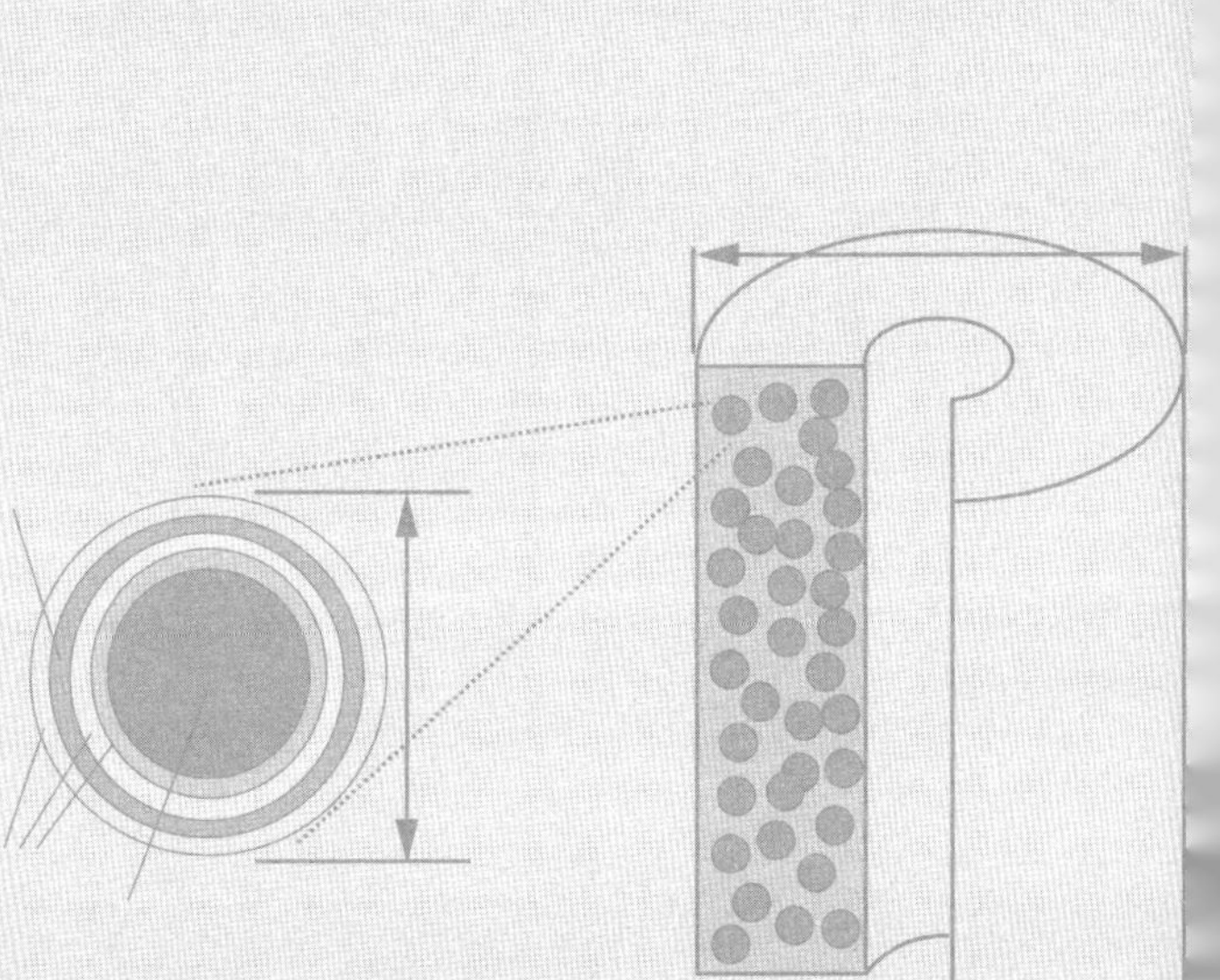

復活した高温ガス炉

「水素社会」は「原子力社会」と表裏一体の関係がある。「CO_2フリー」の前提のもとで、再生可能エネルギーによる大量の水素供給は限定的であるとすると、原子力の利用方法として高温ガス炉が登場する。すでに述べたように、高温ガス炉は自民党政権での第四次エネルギー基本計画（２０１４年４月）で復活した。

現段階で実在する日本の高温ガス炉は、茨城県大洗町の独立行政法人日本原子力研究開発機構（ＪＡＥＡ）に設置されたＨＴＴＲ（High Temperature Engineering Test Reactor、高温工学試験研究炉）だけである。海外では１９６０年代から英国・米国・ドイツで試験炉が開発されたが、いずれも90年以前に運転を終了し、その後に実用炉は実現していない。ドイツでは機械的な破損トラブルがあったことが報告されている。

フランス・ロシア・中国・韓国などでも開発は行われているものの、商用利用の段階には進んでいない。各国の試験炉はガスを冷却材（軽水炉の冷却水に相当）として使用する点は同じであるが、形式はそれぞれ異なる。実用炉としていずれが最適であるかは、不明である。

高温ガス炉は、従来型の軽水炉と比べて多用途に適用可能とされている。軽水炉は水を蒸気にして発電用の蒸気タービンを回す方式であり、冷却材（蒸気）の温度は沸騰水型で２８０℃前後、加圧水型で３２０℃前後である。一方で高温ガス炉は１０００℃近い温度が得られ、発電用のガスタービンを回すとともに高い温度を別の媒体に伝えて水素製造などへの利用が可能である。さらに、冷却に水を使わないなどの特徴から立地が柔軟とされ、都市近郊で発電や水素製造と組み合わせて余った熱を地域冷暖房などに利用することも可能とされる（原子力百科事典「高温ガス炉の安全性」http://www.rist.or.jp/atomica/data/dat_detail.php?Title_Key=03-03-03-02」）。この点から、原子力関係者は輸出用として注目するとともに、国内での普及と実績づくりを画策している。

熱源は、水素製造だけでなく発電にも利用可能である。「CO_2を出さない地域冷暖房の熱源」としても利用可能とされている。そうなれば原子炉を消費地に近接して設けることになるから、広瀬隆氏の「東京に原発を！（原発が安全だというならば東京に造ればよい）」という逆説的な指摘が現実となる。さらに、ビルのエネルギー源としてユニット式超小型原子炉をトレーラーで「配送」する提案さえある（楠剛ほか「ビルの熱供給に適した超小型原子炉の概念設計」『日本原子力学会誌』42巻11号、２０００年）。

また高温ガス炉の推進者は、安全性のほかに発電コストが安いとしている。日本原子力開発機構の資料では、従来の軽水炉が１kW時あたり５・３円のところ、高温ガス炉では４・１円と試算している（日本原子力開発機構ウェブサイト「【資料】高温ガス炉とは」）。電力関係者は、化石燃料で発電するとコストが高いことを理由にして原発の再稼働を主張している。高温ガス炉は１９６０年代から開発が続いているのに、なぜわざわざ発電コストが高いはずの軽水炉を使い続けてきたのだろうか。

高温ガス炉は「青い鳥」か

現在、自民党は基本政策で「原発依存度は可能な限り低減させる」とする一方で、「重要なベースロード電源と位置づけて活用する」として、福島事故前の状態に戻そうとする動きを強めている。夢の水素社会などの名目を掲げた「原子力の芽」は、可能なかぎり潰しておくべきである。そもそも、軽水炉に比べて安全性が高いといっても、原子炉を運転すれば核分裂生成物が蓄積するという関係は変わらない。ところが、『産経新聞』は政府の原子力政策に同調して、高温ガス炉を「青い鳥」にたとえて称賛している。

「福島事故に端を発した原発殉難の逆風の中で、実力を再認識された国産次世代原子炉が高く飛翔しようとしている。茨城県大洗町に立地する日本原子力研究開発機構の高温ガス炉（ＨＴＴＲ・熱出力3万キロワット）が、高い安全性と利便性を評価され、国内外で熱い視線を集めているのだ。何しろ、配管破断で冷却材を喪失しても、電源を失っても炉心溶融などの過酷事故には至らないのだからすごい。固有安全性を備えている原子炉は自然に冷温停止してしまう。その上、運転に水を全く必要としないので、内陸部にも建設可能。だから津波で被災する心配もない。砂漠に建設しても運転できる。発電だけでなく水素製造や製鉄にも使える。多用途の原子炉として国際的に注目度が高い。この理想の原子炉の卵は１９９８年の完成後、鳴かず飛ばずとなっていたのだが、４月に国の「エネルギー基本計画」に組み込まれるなど、にわかに正当な処遇を得た形だ。夢の原子炉は、日本にあった。メーテルリンクの童話「青い鳥」とＨＴＴＲが二重写しになってくる」（産経ニュース（インターネット版）２０１４年11月30日『日曜に書く』）

日本原子力研究開発機構では、１９９８年より高温ガス炉「高温工学試験研究炉（ＨＴＴＲ）」の試験を行っているが、98年は初臨界達成にすぎない。現在までに実施した主な試験は、２００1年12月に熱出力30MWおよび原子炉出口冷却材温度８５０℃、04年４月に原子炉出口冷却材温度９５０℃、10年３月に同９５０℃および50日間高温連続運転などである。また、10年12月には一次冷却材（ガスの循環）を止めるとともに、原子炉の停止操作（制御棒操作）も行わない試験を実施し、自然に原子炉の出力が低下することを確認したと報告されている。

だが、これで「完成」と称するならば、１９９４年に初臨界を達成した「もんじゅ」も完成したことになる。短期間ながらも発電した「もんじゅ」に比べても、はるかに低いレベルにある。市民運動や平和運動に対して「頭の中がお花畑」という表現で揶揄する論者があるが、高温ガス炉について称揚する記事こそ「頭の中がお花畑」であろう。

その後、福島事故で原子力政策の先行きが不透明になったことにより、表向きは開発が中断する。しかし、日本原子力研究開発機構から「原子力水素製造（ＨＴＴＲ―ＩＳ）試験計画への移行の可否を含む第３期中期計画における「高温ガス炉とこれによる水素製造技術の研究開発」に関する事前評価」についての諮問に対する答申として、２０１４年3月に外部有識者「高温ガス炉及び水素製造研究開発・評価委員会」の評価結果が公開された（日本原子力研究開発機構ウェブサイト「高温ガス炉とこれによる水素製造技術の研究開発に関する評価結果」）。

それによれば、「我が国の炭酸ガス排出量低減に貢献するため、原子力エネルギーによって熱需要に応えること、高温ガス炉とこれによる水素製造技術を我が国が持つことが必要」などの結果を受け、開発の

表7　軽水炉と高温ガス炉の比較

<table>
<tr><th></th><th>軽　水　炉</th><th colspan="2">高温ガス炉</th></tr>
<tr><td>冷却材（熱の媒体）</td><td>水</td><td colspan="2">ヘリウムガス</td></tr>
<tr><td>冷却材の安全性</td><td>冷却材中に放射性生成物が蓄積する</td><td colspan="2">放射化（冷却材自体が放射能を帯びる）されない</td></tr>
<tr><td>遮蔽構造</td><td>格納容器が必要</td><td colspan="2">格納容器が不要</td></tr>
<tr><td>制御棒挿入（スクラム）失敗時の挙動</td><td>核暴走の可能性あり</td><td colspan="2">温度の上昇により核分裂反応が抑制されて、自然に低下する</td></tr>
<tr><td>冷却材喪失時の挙動</td><td>緊急炉心冷却システム（水）が起動しなければ、燃料メルトダウンに至る
金属と水が触れると水素が発生する</td><td colspan="2">熱出力密度（炉心の体積あたりの熱発生量）が軽水炉より低いため、自然放熱で安定状態に至る
水素発生の可能性なし</td></tr>
<tr><td rowspan="2">熱効率（核分裂エネルギーが電力に転換する割合）</td><td rowspan="2">発電 30〜35%</td><td>発電</td><td>45〜50%</td></tr>
<tr><td>発電＋多段階利用（化学プロセスや地域冷暖房）</td><td>75%</td></tr>
<tr><td>商用炉1基あたりの容量</td><td>新設のプラントは電気出力で 1000MW 級が標準</td><td colspan="2">電気出力で 300MW 級（軽水炉と同程度の設備の大きさに対して）</td></tr>
</table>

（出典）各種資料より筆者作成。

進展を決定している。そして、たまたま福島事故直前に点検のため停止し、そのままの状態であるが、再稼働を計画して、新規制基準に基づく審査を原子力規制委員会に申請中である。もっとも、報道されるように、規制委員会は商用炉の再稼働に関して優先的に作業しているため、試験炉の再稼働は具体的に見通しが立っていない。

原子力利用の存続を期待する側では、以下のシナリオが描かれていると想定される。すなわち、２０２０年ごろまでの中期は、商用電力を直接エネルギー源として使う電気自動車（ＥＶ）やプラグインハイブリッド車（ＰＨＶ）を増やして、燃料電池車が普及するまでのつなぎとして電力需要を作り出す。２０３０年以降は、水素を燃料とする燃料電池車を普及させて高温ガス炉を増設していく。

高温ガス炉の問題点は後述するとして、軽水炉と比較した特徴を表7にまとめた。

高温ガス炉は、燃料として軽水炉と同様にウラン

図 10　高温ガス炉の概念図

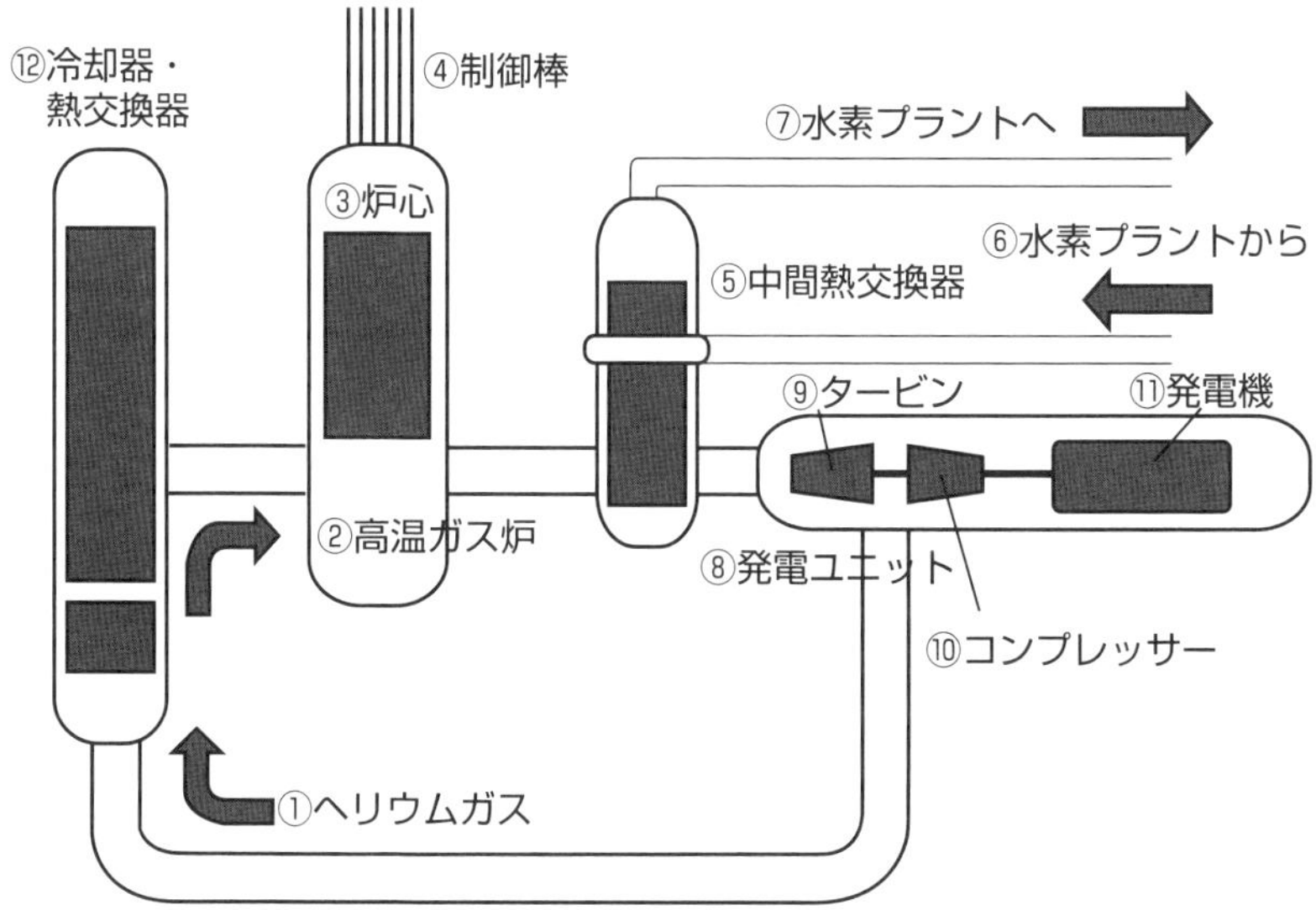

（出典）各種資料より筆者作成。

２３５やＭＯＸ（混合酸化物燃料）も使用できるほか、濃縮度の高いプルトニウム燃料（50％以上）を装荷して、その約８割を消費（他の核種に転換）することも可能とされている。後述するように、従来の軽水炉と高速増殖炉から構成される核燃料サイクルは稼働の見込みがない。過大な蓄積量をかかえるプルトニウムに関して、ＭＯＸ燃料として消費しても、処理量は限られる。しかも、福島事故以後、電力業界は原発の再稼働を期待しているものの、実際に再稼働できる基数は事故前をかなり下回らざるをえないと考えられる。こうした背景からも、高温ガス炉によるプルトニウム処理が期待されているのである。

高温ガス炉の構成

図10は高温ガス炉とその利用システムの概念図である。①のヘリウムガスを循環させて核反応の熱を伝達する。これは、軽水炉でいえば水（水蒸気）にあ

たる。ヘリウムガスは②の高温ガス炉に導入され、③の高温の炉心部を通過する間に１０００℃程度まで加熱される。

⑤の中間熱交換器では、⑥と⑦のラインにもヘリウムを循環させて、水素プラントに熱を与える。水素プラントに熱を与えて温度が下がったガスは⑧の発電ユニットに導入され、⑨のタービンを回して、⑩のコンプレッサーと⑪の発電機を駆動する。ここで電力が取り出されるとともに、ガスを循環させる。⑨⑩の部分はジェットエンジン（ガスタービン）と同じ原理であるが、ジェットエンジンは外気を吸い込み排気ガスをそのまま放出するのに対して、高温ガス炉では外気と遮断した閉鎖系で動作する。

また、⑫の冷却器・熱交換器はシステムの効率を高めるために設けられている。各機器をつなぐ配管は、実際には熱効率の向上や冷却のために二重管（内筒と外筒）になっている（これらの詳細の説明は省略する）。

原子炉で発生した熱のうち、水素プラント分と電力分の配分比率は、システムの目的によって変更が可能である。ＧＴＨＴＲ３００Ｈという高温ガス炉の構想では、炉１基あたり熱発生量60万kWのうち水素プラントに40万kW、発電に20万kWを配分したユニットを４基接続して全体を建屋に収納したユニットを構成し、電気出力80万kWと年間約16億Ｎ㎥の水素を製造するとしている（原子力システム研究懇話会「原子力による運輸用エネルギー」２００７年６月）。水素プラントに接続せず、発電専用として使用する場合には、⑤～⑦の部分は設けられず、原子炉から出たガスがそのまま発電ユニットに導入される。

図11　高温ガス炉の燃料要素の概念

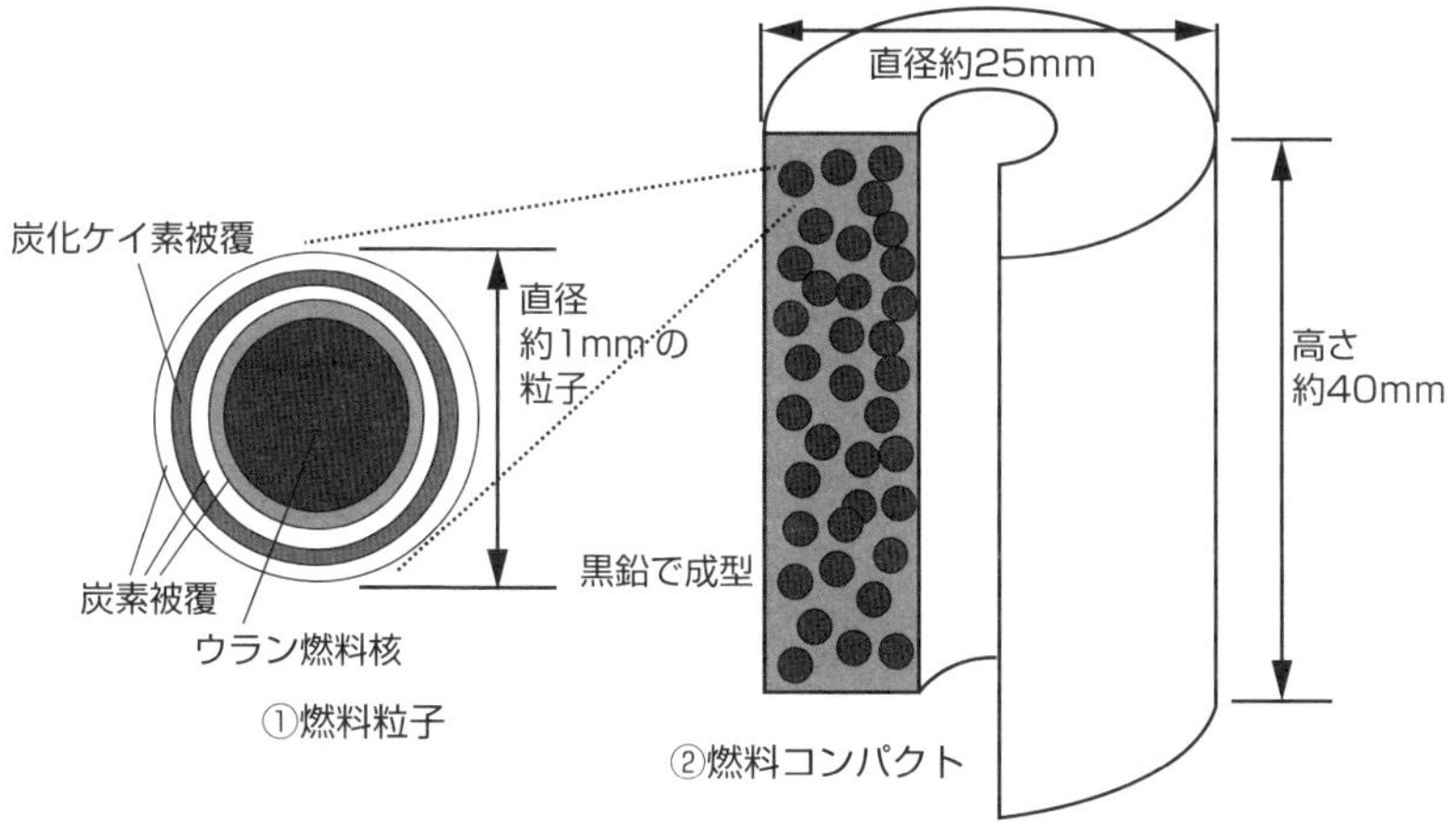

（出典）各種資料より筆者作成。

燃料と炉心の構造

高温ガス炉が従来の軽水炉と大きく異なる点は、燃料要素と炉心の構造である。軽水炉では、焼き固めた核燃料のペレット（直径10㎜×高さ10㎜程度）を薄い金属で包んで放射線を遮蔽している。これに対して高温ガス炉の燃料の構成要素は、核燃料を小さな粒に成型したものである。図11の①のように、焼き固めた核燃料の小さな粒子（直径0・5㎜程度）を、特殊加工（耐熱性）を施した炭素や炭化ケイ素（SiC）でコーティングしている。高温ガス炉の燃料粒子では、このコーティングが放射線の遮蔽の役割を担う。

当初は「三重」の意味からTRISO（トライソ）と呼ばれていたが、実際のHTTRに使用されている燃料粒子は、信頼性向上のためもう一層を加えて四重のコーティングが施されている。この状態で、中身とコーティングの厚みを合わせて直径約1㎜の粒子となる。この粒子を黒鉛粉末とともに固めて②の直径25㎜、高さ40㎜ほどの筒（燃料コンパクト）に成型し、それを黒鉛のスリーブ(さや)に詰める。これが軽水炉の「燃料棒」に相当する構成品である。それをさらに数十本束ねると燃料体ブロックとなり、これで炉心を構成する。

なお、黒鉛は「鉛《なまり》」ではなく、炭素の結晶体である。また、実用炉に大型化する段階では、熱の伝達効率を高めるため、スリーブを用いずに、ガスが直接燃料コンパクトと接触する炉心の構造を採用するとされている。

従来の軽水炉(沸騰水型の場合)では、「燃料ペレット」→「金属の被覆管」→「原子炉圧力容器」→「原子炉格納容器」→「原子炉建屋」という順で放射線を遮蔽するとして、「五重の壁」と呼ばれてきた(もっとも、福島事故ではそのすべてが所定の機能を失い、破綻した)。高温ガス炉ではこれに倣って、燃料粒子の周囲のコーティングが「四重の壁」と呼ばれる場合がある。ただし、「壁」といってもそれぞれ厚み数十ミクロンの薄いコーティングである。

ガスを加熱する核エネルギーは、ウラン燃料核から発生する。その熱が薄いコーティングを通じて燃料コンパクトを加熱し、さらに燃料体ブロックに伝わってガスを流し、熱を伝達する。また、循環ガスの停止など冷却機能の喪失時にも核暴走やメルトダウンに至らないとされる理由は次のとおりである。すなわち、冷却機能が停止すると一時的には炉心の温度が上がるが、温度の上昇は核反応を抑制する方向に作用するため、原子炉の出力が自然に低下する。臨界の停止後は崩壊熱(残存する核分裂生成物から発生する熱)の発生が続き、福島事故ではそれを除去する機能がすべて失われて、メルトダウンを引き起こした。

これに対して高温ガス炉では、炉心の体積あたりの燃料の存在密度が軽水炉の三分の一程度であり、燃料粒子が固体のブロックに埋め込まれているため、熱がブロックを伝わって外に逃げやすく、自然放置だけでも燃料粒子が損壊するほどの温度上昇は避けられるとされる。一方で、炉心の体積あたりの燃料の存在密度が軽水炉の三分の一であるから、軽水炉に比べると同程度の炉の大きさに対して出力が三分の一という関係がある。したがって、装置の大きさに対する効率という点では軽水炉より不利となっている。

80基以上が必要になる

仮に燃料電池車が本格普及した場合、高温ガス炉とＩＳプロセス（78ページ参照）で必要な水素を供給するとすれば、どのくらいの高温ガス炉が必要となるだろうか。

水素の需要量として、87ページの日本エネルギー経済研究所の試算では、２０５０年に燃料電池車用として最大３３０億Ｎ㎥と推定されている。ＧＴＨＴＲ３００Ｈの構想では１炉あたり年間約４億Ｎ㎥の水素を製造するとしているから、必要な高温ガス炉の基数は80基以上となる。需要量の試算ではオーストラリアから水素を輸入するルートも想定している一方で、原子力については規制基準に適合した原子炉を順次再稼働すると仮定。さらに、既存原子炉の運転期間の延長を部分的に見込んで平均45年としたうえに、２０３５年からは新設も想定して、原子力も継続的に利用する前提を設けている。

世界的な水素供給チェーンはまだ絵に描いた餅である。仮に水素供給チェーンが成立しないまま燃料電池車の導入が先行すれば、高温ガス炉建設の圧力が高まることになる。

「今度は大丈夫」と言えるのか

もともと高速増殖炉や日本原燃が六ヶ所村に建設した再処理工場を組み込んだ核燃料サイクルは、１９６７年に策定された「原子力の研究、開発及び利用に関する長期計画」では80年代後半の実用化を目標としていた。ところが次々と破綻して、現時点では２０５０年まで目標が延期され、中には２１００年などという無責任な見通しを示す論者さえみられる。このような実態の延長上で高温ガス炉を開発したとして、「今度は大丈夫」という説明が説得力を持つのだろうか。

技術的には、すでに原子力関係者により公開されている資料を検討しただけでも、問題点が数多く見出される。そもそも最盛時には54基の商用炉の実績があった軽水炉でさえも、破壊的事故を起こして安全基準の見直しを求められ、なお議論百出の状況である。原子力規制委員会は、審査基準への適合は安全を保証するものではないと公言している。まだ商用炉として実績がゼロの高温ガス炉について、誰がどのように安全を審査するのか見当もつかない。

高温ガス炉では、配管破断などで冷却材を喪失しても、電源を失っても、炉心溶融などの過酷事故には至らないとされている。意図的にその状況を起こした実験を行い、確認（２０１０年12月）したという。しかし、核反応そのものは停止しても、その後どうやって点検・修理するのだろうか。

福島原発では、内部のどこがどのように損傷しているのか詳細は依然として不明ではあるが、容器や配管にいくつかの大きな破損箇所が生じたことは間違いない。この事態に対して、手当たりしだいとはいえ注水によって破損箇所より低い部分には水が溜まったので、部分的ながらも冷却できた。

だが、高温ガス炉の場合、どこかに破損箇所が生じると、いくらガスを注入してもそこから漏れて、内部にガスを充満させることができない。仮に自然に冷温停止したとして、燃料粒子がすべて健全ならば、取り出すことができるかもしれない。しかし、もし破損があれば放射線を遮蔽する方法もなく、放射性物質がむき出しとなる。軽水炉でいえば燃料棒が大気中で損傷して即死レベルの放射能が放射されるのと同じ状況となるから、収束作業はできない。このように技術的な困難性を考慮して高温ガス炉の問題点を例示すれば、次のとおりである。

数多くの問題点

①圧力容器の設計条件

圧力容器および一次系（冷却系）の設計条件が、従来の沸騰水型軽水炉（ＢＷＲ）・加圧水型軽水炉（ＰＷＲ）より厳しい。主要部分の設計圧力と設計温度は、ＢＷＲで９MPa・３２０℃、ＰＷＲで18MPa・３７０℃であるのに対して、高温ガス炉では７～８MPa・１０００℃以上となる。圧力条件は現在の工業技術からみてそれほど厳しくないが、温度条件は厳しい。

反応容器そのものは、適切な金属材料を選べば高温にも耐えられる。だが、反応容器には、核反応の熱を取り出す冷却材の出入口や、制御・監視に不可欠な温度・圧力を測定する計器の取り付け口など、多数の接続部分を設けなければならない。反応容器本体にも、内部の組み立てや保守・点検のために全体を分割できるように「ふた」を設けなければならない。福島事故では、こうした分割部分や計器の取り付け部分のシールの損傷・劣化から放射性物質の漏洩があったのではないかと指摘されている。

高温になると、とくにこのシールの設計や材質の選定が厳しくなる。このレベルの圧力・温度はアンモニア合成プラントなど原子力以外の分野では使用されている条件ではあるが、放射線環境下かつ実用炉サイズでの実績はまったく存在せず、長期間の運転に対する信頼性の実証はなされていない。

②燃料要素の破損

ＴＲＩＳＯは99ページで述べたように、ウラン酸化物などの核分裂物質を小さな粒子に成型し、その周囲を特殊加工した炭素や炭化ケイ素でコーティングしたものである。従来の軽水炉の燃料要素は、一つ一つを機械工作で製作する。一方、ＴＲＩＳＯの燃料粒子は、核が直径０・５㎜程度、各層のコーティングはそれぞれ数十ミクロンという小さいサイズである。このため、燃料粒子は個々に製作するのではなく、溶かした原料を溶液中でスプレーする方法で粒子を作り、菓子を転がしながら砂糖をまぶすようなイメージで粒子にコーティングを行う。個々に機械工作で製作する方法ではないため、粒子の品質管理は軽水炉より難しく、一定の確率で欠陥粒子の発生は避けられない。

もしコーティングが不完全で損傷すれば、軽水炉でいえば金属被覆管が損傷した状態に相当し、内部の放射性物質が粒子外に漏出する。コーティング自体が健全であっても、燃料粒子に熱が加わると燃料の中身がコーティングを侵食して外に浸み出してくる「アメーバ現象」と呼ばれるトラブルも観察されている（岡芳明編『原子力教科書 原子炉設計』オーム社、２０１０年ほか）。これがコーティングの最外層まで達すれば、やはり金属被覆管が破れた状態に相当する。また、粒子を集めて成型した燃料コンパクトの割れや欠けなどもありうる。

③作業員の被曝

機械装置には必ず摩耗・損傷が起きるので、メンテナンスが不可欠である。原子力にかぎらず、発電設備は法令で定期点検が義務づけられているため、約1年ごとに停止してシステム全体を点検する。

高温ガス炉の点検義務は将来何らかの変更もありうるが、人間が装置にじかに触れる作業は避けられず、作業者の被曝が生じる。概念的にはヘリウムガスが循環するだけであり、ヘリウム自体は放射化しないが、熱を伝達する過程でヘリウムは炉心と直接接触する。その際に、微量ではあっても、燃料粒子から微細な「ちり」が発生することは避けられない。それらはヘリウムガスと一緒に系統全体を回ってしまうので、ガス配管・熱交換器・ガスタービンにも沈着する。運転時には問題ないが、補修点検作業中の作業員が被曝する。核反応を利用する以上、放射性生成物との縁は切れない。

そこで、系統内でガス中の放射性生成物を除去するフィルターも提案（たとえば特許公開広報2004―344701）されている。だが、フィルターである以上は除去率が完全に１００％にはならないので、ガス配管・熱交換器・ガスタービンへの放射性物質の沈着は避けられず、やはり作業員の被曝につながる。また、フィルターには時間とともに放射性物質が蓄積してくるので、いずれ交換が必要になるとともに、フィルター自体が放射性廃棄物となってしまう。要するに、どこまで行っても、核反応を利用する以上は放射性廃棄物との縁も切れない。

原子力関係者は、軽水炉に比べると作業員の被曝量が少ないと試算している（國富一彦「高温ガス炉の安全性」日本原子力学会2013年秋の大会）。しかし、必ずしもそうとは言えない。仮に古い軽水炉を順次廃止して新型炉に更新するというシナリオであれば、廃炉作業が必要となる。そこでは、軽水炉の定期点検時よりもはるかに多くの被曝が発生する可能性がある。加えて多数の新型炉を建設するとすれば、単体で軽水炉に比べると少ないからといっても、被曝量がさらに付け加わる。作業員の被曝を最小限にとどめるには脱原発しかないのである。

④空気の侵入による黒鉛火災

黒鉛は、1986年4月に旧ソ連・ウクライナでチェルノブイリ原発事故を起こした黒鉛減速沸騰軽水圧力管型原子炉（燃料棒を黒鉛の減速材で囲み、格納容器がない）の4号機に使用された材質でもある。高温ガス炉はチェルノブイリとは構造が異なると説明されている（前掲「高温ガス炉の安全性」）。とはいえ、緊急時の破損状況によっては、黒鉛に酸素（空気）が触れ、発火する可能性が避けられない。

空気の侵入を防ぐには反応容器内部の圧力を外気より高く保つ必要がある。破損箇所が小さければ、ヘリウムや窒素などを連続的・大量に注入することによりある程度内圧を維持できるが、破損箇所が大きければそれも不可能である。緊急事態の進行中は炉に接近して破損箇所をふさぐ修理活動はできないから、ガスを使い果たしてしまえば、内圧を外気より高く保つことは不可能となる。

軽水炉ならば福島事故でもみられたように、ともかく水を注入すれば事態の拡大を阻止できる可能性がある。真水を使い果たしても、供給量に制約がない海水を注入することもできた。しかし、ヘリウムや窒素は貯蔵してある分を使い果たせば、それで終わりである。いずれにしても、黒鉛火災問題に関しては基礎的な検討や小規模な模型実験などが行われている段階であり、実用装置上での問題は未解決である。

⑤ＩＳプラントも原子炉の一部

いま全国の軽水炉（沸騰水型・加圧水型）の新規制基準で議論が分かれている点の一つに、耐震設計に関する問題がある。原子炉施設の構造物・機器・配管では、重要度に応じてＳ・Ｂ・Ｃの順でランク付けがなされ、上位ほど厳しい基準が適用される。一見合理的であるが、原子炉本体のみならず多数の構成品から成る原子炉施設において、どの部分にどのランクを適用するかによって、安全性の評価が異なってくる。

実際に福島事故では、どこがどう壊れたか依然として不明であるものの、原子炉本体以外の付帯設備の破損が原因で、冷却が不可能になったり放射性物質が漏洩した可能性が指摘されている。すなわち、付帯設備（あるいは部品）であっても、直接・間接に原子炉に接続されている以上は、原子炉と同等のランクを適用しなければそこが弱点となり、放射性物質の大量放出の要因になるとの指摘である。ＩＳプラントと高温ガス炉を組み合わせた場合には、ＩＳプラント側も原子炉の一部であると考えられるが、実用装置において、どこでそのランクを適用するかに関してはまだ構想の段階にとどまっている。

緊急時だけでなく、通常運転時でも難点が予想される。ＩＳプラントなど高温ガス炉の熱を水素製造設備に利用するシステムを組み合わせた場合、水素製造設備は原子炉に対する除熱（冷却）設備としても機能することになる。水素製造設備はさまざまな機器から構成される化学プラントであるため、運転中に何らかのトラブルで緊急停止することがありうる。

しかも、ＩＳプラントはまだ実験段階であり、実用規模のプラントでの実績はない。どのようなトラブルが起こるか未知の部分が多い。たとえば、ＩＳプラントは原子力と一体であるにもかかわらず、原子炉部分は電力会社が運営し、水素製造部分は化学プラントであるため非原子力分野の会社が運営するという難しさが新たに加わることが指摘されている（西原哲夫ほか「電力水素併産型高温ガス炉（ＧＴＨＴＲ３００Ｃ）の安全設計方針」『日本原子力学会和文論文誌』５巻４号、２００６年）。

これを原子炉側からみた場合、除熱機能が原子炉側の制御と関係なく突然失われる事態を意味する。こうした状況で原子炉側が安全に停止できるか、あるいは停止できたとしても支障なく再起動できるかは、実証されていない。原子炉に対する急激な熱バランスの変動を緩和するために、ＩＳプラント側に熱を吸収する設備（蒸気発生器）を設けるなどの構想があるが、机上の検討のみである。いずれにしても、原子炉と組み合わせるために、既存の水素製造プラントには必要ない追加設備が求められ、それが逆に故障確率を増す方向に作用する。

⑥トリチウムの生成と製品水素への移行

トリチウム（三重水素）は原子炉の炉心で生成される放射性核種の一つで、軽水炉でも平常運転中に生成されて一部は外部に漏洩しているが、多くが使用済み核燃料に蓄積される。通常時にトリチウムがもっとも大量に放出されるのは、各地の原子炉から使用済み核燃料を集めて破砕処理する核燃料処理工場（六ヶ所再処理工場）である。

高温ガス炉でもヘリウムや黒鉛に混じっているリチウムやホウ素が中性子を吸収することにより、軽水炉と同様に平常運転中にトリチウムが生成される。トリチウムは水素と化学的性質が同じであるため、トリチウム水素（ＨＴ）あるいはトリチウム水（ＨＴＯ）は通常の水素あるいは水と分離することが難しい。トリチウム水が人体に取り込まれると、遺伝障害や小児白血病の原因になりうる（上澤千尋「福島第一原発のトリチウム汚染水」『科学』83巻5号、２０１３年）。

トリチウムは水素と化学的性質が同じであり、もっとも軽い元素であるから、金属を透過して外部に漏出する。高温ガス炉から水素を製造するためにヘリウムを循環させて熱を取り出すが、その際にトリチウムが系外に漏出してくる。

このトリチウムは水素製造プラントを通じて、最終的に製品水素にも混入する。この問題はすでに予想されており、高温ガス炉の研究者はシミュレーションを行い、製品水素中に混入する濃度は微小と推定されることから、公衆への影響は許容値以下に管理できるとしている（原子力システム研究懇話会『原子力による水素エネルギー』２００２年6月）。ただし、これは濃度としての検討であって、原子力による水素製造が本格化して流通量が膨大になれば、濃度×流通量の総量として無視できない量に達する可能性がある。

従来、トリチウムは原子炉や再処理工場とその周辺における問題（海洋に流出した場合はそうではないが）として考えられてきた。しかし、製品水素が燃料電池車用の燃料として市場に流通すれば、全国至るところで公衆がトリチウムに曝露される機会が増える。

「燃料電池車は水しか排出しないからクリーン」とされるが、原子力で製造した水素が燃料として使用されるならば、「クリーンな水素」とはトリチウムも混じった水素（ＨＴ）である。高温ガス炉の研究者は、製品水素にトリチウムが混入したとしても、放射性物質として管理する必要がない低レベル（クリアランスレベル）とみなして市場に流通させるとの解釈をとっている（前掲『原子力による水素エネルギー』）。だが、具体的な危険性については十分に検討されていない。

⑦使用済み燃料の交換・取出し・処理

軽水炉の使用済み燃料は強い放射線と崩壊熱を発生するため、炉心からの取り出しと移動は水中で行われる。これに対して、高温ガス炉は水による遮蔽がないため特殊な取り出し（交換）用の機器を必要とする。交換動作としては鉤《かぎ》のような装置で燃料ブロックを一個ずつ掴んで遮蔽パイプの中を通して引き上げ、交換機のコンテナに収納する。その機構は高速増殖炉「もんじゅ」で事故を起こした炉内中継装置（燃料を掴んで炉内でリレーのバトンのように受け渡す装置）に似ており、万一故障した際には「もんじゅ」の事故例のように点検も修理もできないお手上げ状態（ただし、２０１１年６月に撤去に成功）となる可能性もある。

そもそも高温ガス炉も、使用済み燃料の中に放射性物質が蓄積することに変わりはなく、その処理について明確な方針は何も提示されていない。高温ガス炉の燃料は形態が軽水炉とはまったく異なる。しかも、高温ガス炉の使用済み燃料は、軽水炉のそれに比べて、放射能量と崩壊熱量が多いことが特徴である（武井正信ほか「高温ガス炉ガスタービン発電システム（ＧＴＨＴＲ３００）使用済燃料再処理」『日本原子力学会和文論文誌』２巻４号、２００３年）。

もし再処理するとすれば、軽水炉の燃料棒（ペレットを金属で被覆した構造）を前提として設計された六ヶ所再処理工場は、少なくともその前半工程は使用不可能であるから、改めて開発しなければならない。現在でさえこの施設はトラブル続きで、いつ実用稼働できるかわからない。ここに別の再処理システムを付け加えるのは非現実的である。

⑧ヘリウムの確保はできるか

ヘリウムの需給逼迫も懸念されている。高温ガス炉のヘリウムは、原子炉の熱を運ぶ媒体として炉心と熱の利用先（水素製造プラントや発電用の蒸気発生装置）の間を循環しており、通常の運転時には若干の漏洩分を補給する程度であるため、大きな消費はない。しかし、プラントには必ず定期点検があり、内部のヘリウムは抜き出してしまうから、再起動のつど補充する必要がある。

ヘリウムは人工的には合成できない元素の「希ガス」であるので、自然から採取するしかない。大気中にも微量存在するが、分離するのは非効率なので、工業的にはヘリウム成分が多い（といっても１％以下）天然ガスから分離して製造される。天然ガスの成分は産地や井戸ごとに異なり、ヘリウム成分が多いガスが採取できる場所は限られる。日本は需要量のほぼ全量を米国から輸入している。

もう一つの問題として、リニア中央新幹線の建設計画がある。リニア方式の新幹線（磁気浮上式）では超電導磁石の作動に液体ヘリウムを使用する。超電導磁石のヘリウムは、通常の運転時に消費されることはなく漏洩分の補給程度であるが、多数の列車を年間通じて頻繁に運行し、車両や軌道の整備を常時行うとなれば、相当量を必要とする。

使用済み燃料の処理のために推進

高温ガス炉を推進する理由の一つとして、これまでの軽水炉の運転で溜まった使用済み燃料を処理する役割が期待されている。もともと軽水炉の使用済み燃料を再利用する核燃料サイクルが立案されたが、サイクルの構成要素である高速増殖炉の「もんじゅ」は稼働の見込みがなく、構想は破綻した。このため、使用済み燃料から取り出したプルトニウムをウランと混合したＭＯＸ（混合酸化物燃料）を軽水炉に使用して、多少なりとも蓄積を解消する方策が実施されたが、福島事故以後は軽水炉の再稼働の見通しも不明確である。高温ガス炉はプルトニウムの消費が可能とされている点も、推進の理由の一つと推定される。

ここで核燃料サイクルの問題を再整理してみよう。軽水炉（沸騰水型・加圧水型）に装荷する核燃料は、新品の状態では核分裂性のウラン２３５（燃えるウラン）の濃縮度（燃料中の燃えるウランの比率）が３～５％であり、中性子を媒介として炉内で核分裂により熱を発生する。

同時に、核分裂反応や中性子反応（中性子を取り込む）で多数の放射性核種が生成する。福島事故で注目されたヨウ素１３１やセシウム１３７は核分裂生成物であり、後者の中性子反応ではプルトニウム２３９が生成する。核燃料を一定期間燃焼させていると、熱を発生した分だけウラン２３５がしだいに減る一方で、燃焼を妨害する物質の蓄積のために燃料の反応度（核分裂の効率）が低下していくので、当初に装荷した燃料中のウラン２３５をすべて使い切ることができない。このため、通常の軽水炉では３～４年使用すると取り出して新品と交換する。取り出した使用済み燃料の中には未燃焼のウラン２３５とプルトニウムが約１％ずつ存在した状態になる。

残った未使用のウランを取り出して濃縮すれば再び使えることと、プルトニウム自体も核燃料として再利用可能であることから、取り出した使用済み燃料を再処理して再度原子炉に装荷できる燃料に変換する方法が考案された。それが核燃料サイクルであり、主として二つのステップがある。

第一は、使用済み燃料のペレット（燃料を金属の「さや」に詰めたもの）をカッター状の機械で裁断して金属被覆の屑などを取り除いた後、強い酸（硝酸）で溶かして溶液にした状態で、①ウラン、②プルトニウム、③高レベル放射性廃棄物に分ける工程である。

この段階では人間が近寄れば即死レベルの強い放射線を発生するため、すべての操作は遠隔で行わなければならない。通常の化学工場における運転操作とは比較にならない困難を伴う。六ヶ所再処理工場には約１０００基もの主要な機器があり、その配管の長さは約１３００km、そのうちウラン・プルトニウムが存在する配管は約60km、継ぎ目の数は約２万６０００カ所に及ぶ（原子力百科事典「六ヶ所再処理工場」）。

通常の化学プラントでも微小な漏洩などは常に生じており、点検・補修が必要であるが、人間が現場を巡回し、その場で補修を行うことも可能である。これに対して、再処理工場では高放射線量の環境下であるため、その管理には化学プラントとは桁ちがいの手間を要する。

国内では六ヶ所再処理工場で処理する計画で、２００９年２月に試運転を終了し、完成する予定であった。ところが、トラブルが続いてこれまで20回にわたる本格操業の延期が行われ、２０１５年６月現在、本格稼働の見通しは立っていない。

これまで海外（英国とフランスに委託）・国内で分離したプルトニウムは45トン蓄積しているとされ、核

図12　日本で想定されていた核燃料サイクルの概念図と現状

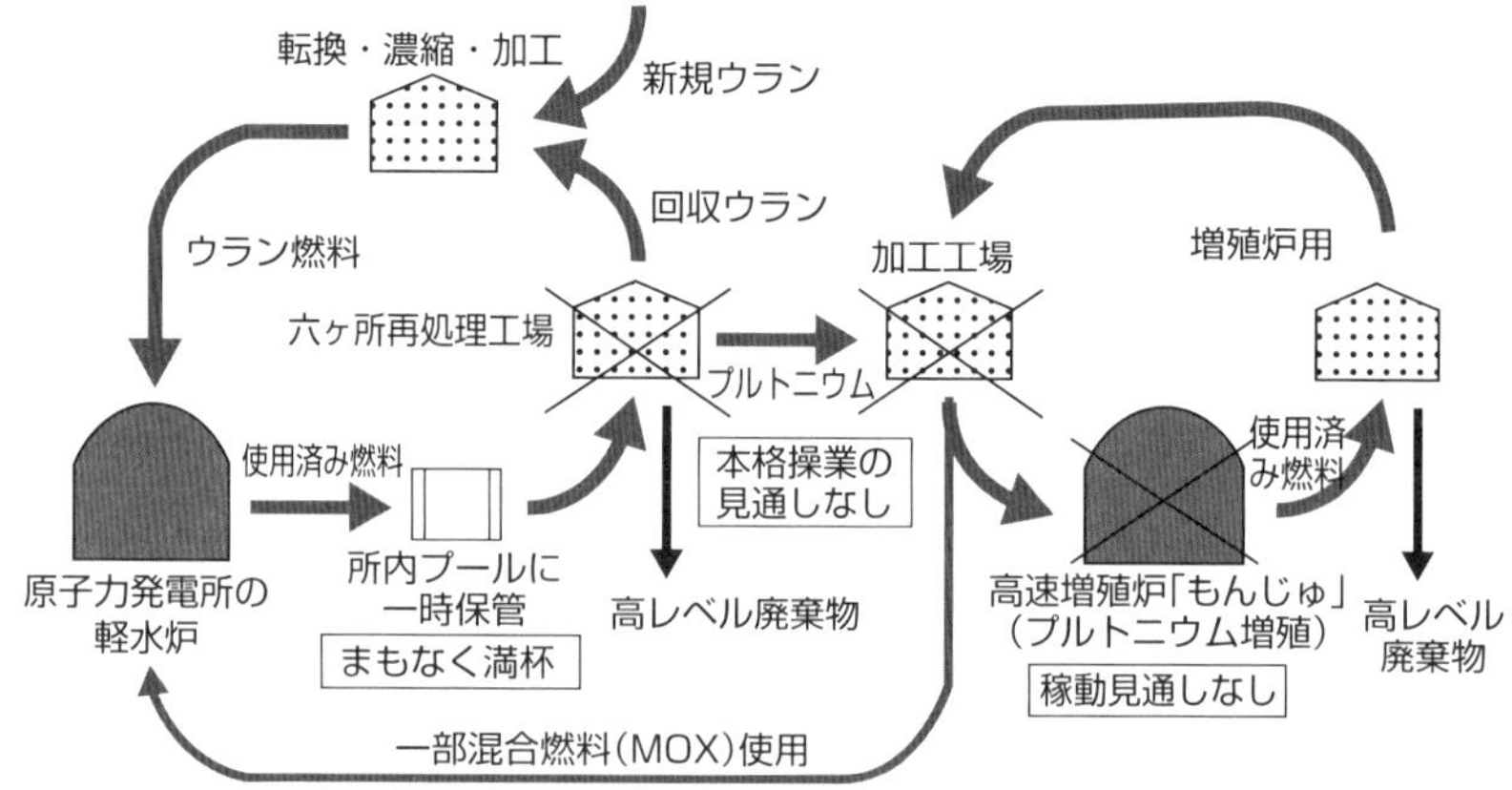

（出典）各種資料より筆者作成。

拡散防止の観点からも憂慮される自体となっている。再処理工場が稼働しないので、全国の原子炉で発生した使用済み燃料はプールに貯蔵したままである。「ウラン1グラムで石炭300トンに相当するので非常に効率が良い」はずであった核燃料が、現在は大変な重荷となっている。

第二のステップは高速増殖炉である。商業的に主に使用されている軽水炉（沸騰水型・加圧水型）と異なる核反応に基づく炉で、核分裂性核種の生成と消滅が同時に起きる。消滅数より生成数のほうが多いことから、「増殖」と呼ばれる。このとき同時に熱を発生するため、発電にも利用できる。日本では実験炉の「常陽」を経て、原型炉と称する「もんじゅ」（電気出力は商用軽水炉の4分の1程度）が運転を開始したが、前述したように実用化の見通しは立っていない。

このように再処理と増殖炉の二つのステップがともに本格稼働の見通しが立たないため核燃料サイクルの計画は頓挫しており、原発を運転すれば使用済み燃料が溜まる一方となっている。図12に核燃料サイクルの概念図を示す。

使用済み燃料の貯蔵場所がなくなる

高速増殖炉は外国でも頓挫しているが、再処理は英国・フランスで稼働しており、プルトニウムの分離までは辛うじて行われている。この分離したプルトニウムをウランと混合して軽水炉で使用する方式がプルサーマルである。ＭＯＸ（混合酸化物燃料）は本来、高速増殖炉用の燃料であるが、構成を変えると軽水炉にも利用できる。ＭＯＸを燃焼させると熱を発生すると同時に、プルトニウムが別の核分裂生成物に変化してプルトニウムを消滅させることができる。

国内では１９８６年に福井県の日本原子力発電・敦賀１号機と関西電力・美浜１号機で試験的にプルサーマルの使用が開始された以降、福島事故前までに４炉で燃料棒の一部にＭＯＸが併用された（うち東京電力・福島第一３号機は事故で廃炉）。国内の原発の状況をあてはめると、仮に国内の全軽水炉が稼働した場合、生成するプルトニウムに対してプルサーマルで消滅させるプルトニウムの量は限られるので、プルトニウムが溜まり続けることは変わらない。

このため、政府と電力業界はプルサーマルを適用する原発の再稼動、あるいはフルＭＯＸ（炉内の全燃料棒にＭＯＸを使用する）新設原発（大間）の稼動を推進しようとしている。しかし、ＭＯＸにしても使用後は核廃棄物が残ることには変わりがない。

福島事故の有無にかかわらず、六ヶ所再処理工場も高速増殖炉（「もんじゅ」）も稼動していない以上、既存の軽水炉から取り出される使用済み燃料の貯蔵場所はない（取り出し後、最低数年間は水冷プールに保管す

図13　使用済み燃料の貯留状況

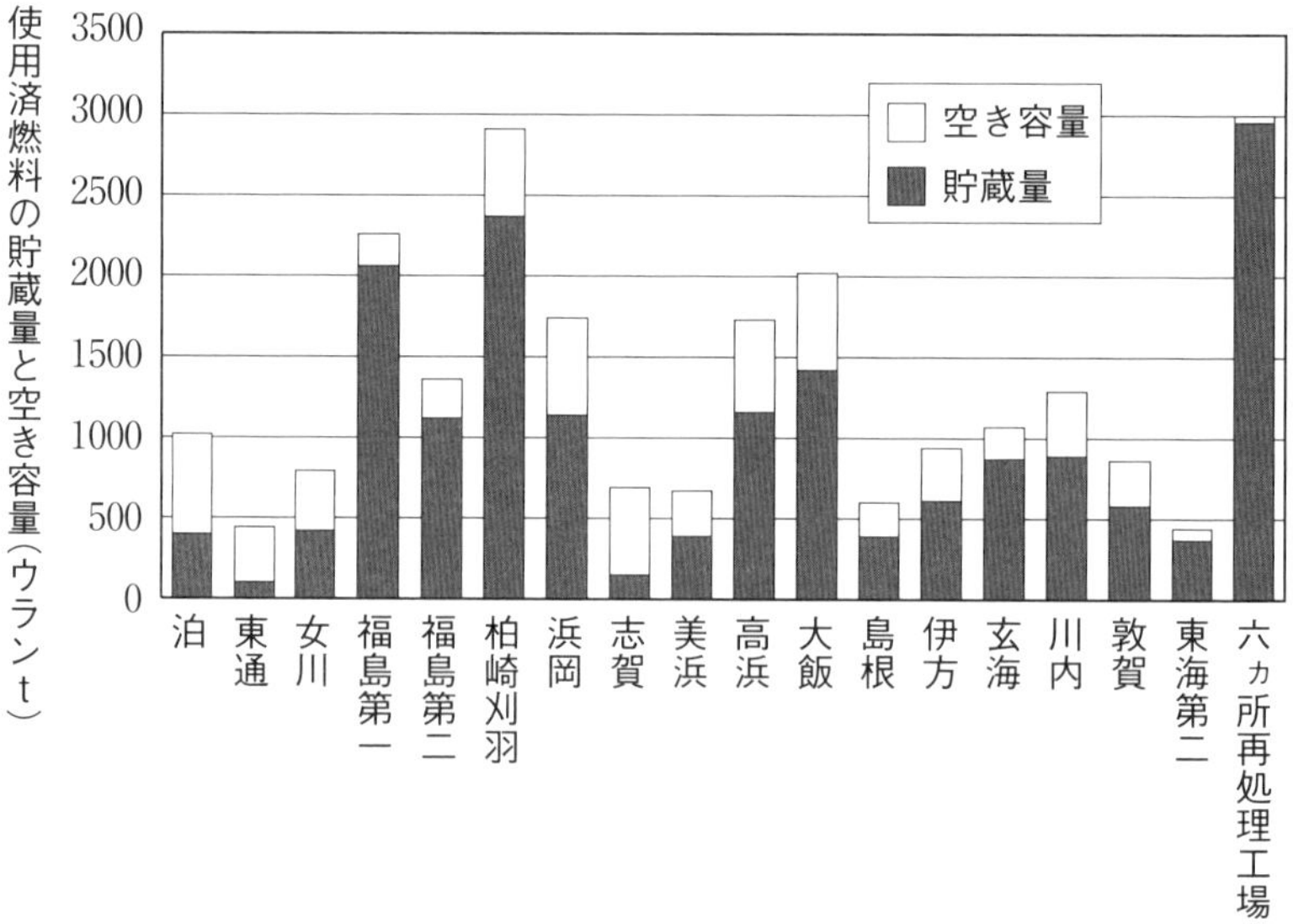

（出典）資源エネルギー庁「核燃料サイクル・最終処分に関する現状と課題」2014年9月。

る必要がある）。いずれ運転できなくなると予想されている。

図13は2014年9月末現在の各原発の使用済み燃料の貯蔵容量と、貯蔵中の量を示す。各原発では、貯蔵プールに保管されている燃料の間隔を詰めてより多くを保管するなどの対策を実施している。だが、それにも限度があり、貯蔵スペースが限界に達することは避けられない。もし六ヶ所再処理工場が稼動しない状態で各原発が再稼動すれば、いずれにしても使用済み燃料の貯蔵が制約となって運転の継続は困難となる。

第4章

原発は地域に貢献していない

自動車こそ「国富」の流出

藤井聡（京都大学大学院教授、内閣官房参与）のように、「原子力発電や自動車産業は経済活動と不可分である（よって方向転換することはできない）」と主張する論者は後を絶たない。彼は、たとえばこう述べている。「原発未稼働による不況の深刻化と、散発的に発生する停電を通して、遺憾ながらも、結果的に多くの国民が死に追いやられかねないのである」（『産経新聞』「正論」2012年8月2日）「日本人がクルマを一切買わなくなれば、日本のマクロ経済における内需が修復不能な程に傷つき、かえって、日本人全員の安定した暮らしが脅かされてしまうかもしれない」（『表現者』39号、2011年11月）

たしかに、乗用車の製造は全国の世帯に輸出効果も合わせて年間6兆5000億円ほどの賃金・俸給をもたらしている。しかし、一方で、世帯が自動車（乗用車）の購入と使用に費やす金額は年間に約17兆円である（総務省「産業連関表」より）。つまり、平均的な世帯にとっては大幅な持ち出しなのである。そのうえ、原油の輸入のために毎年2兆3000億円（ガソリン製造相当分）の国富が海外へ流出している。したがって、自動車に依存した社会の方向を転換することによって、経済からみても多くの問題が改善される可能性がある。

2013年9月からは商用原発の稼働ゼロが続いてきた。原子炉内の核反応が停止していても、照射済み燃料が各発電所内に貯留されたままのリスクは解消できないとはいえ、現実の問題として脱原発社会が実現している。これと比較すると「脱自動車社会」の議論はきわめて低調である。

大気汚染は環境基準をおおむねクリアした（ＰＭ２・５を除く）状況ではあるが、その被害は汚染濃度に比例して発生すると考えられるので、環境基準のクリアとは、別の言い方では何らかの汚染濃度が継続していることを意味する。決して被害が解消したわけではない。騒音については、いまだ環境基準をクリアしていない地域も多くみられる（現状については国立環境研究所「環境ＧＩＳ」http://tenbou.nies.go.jp/gis/ など より）。

交通事故も依然として多い。１９４５年の敗戦から２０１１年度までに、道路交通事故の累積で61万人の人命が失われ、４２００万人の負傷者が発生している。一方では、こうした現状を逆手に取って、「原子力のリスクは自動車より少ないのに、人々が原子力を拒否するのは合理的な判断ではない」という主張が福島事故以後でさえ繰り返されている（茅陽一「原子力と自動車の安全性」『日本原子力学会誌』54巻8号、２０１２年、藤井聡（前出『表現者』）ほか多数）。茅陽一は福島事故の被害を国民年間一人あたりの額に換算し、自動車より被害は少ないと述べている。

第1章で指摘したとおり、原発と自動車は経済・生産のシステムを通じて密接な関連がある。脱原発に関心を持つ人は、脱自動車にも注目してほしい。自動車のリスクは、われわれがそのシステムを使うかぎり、日常生活において本人の意志によらず遭遇する。つまり、「被曝」と同じ性格を有する。

自動車は社会的に「必要」だから、確率的に被害者が発生してもやめることはできないのだろうか。もしそうなら、原発をやめることもできないだろう。「必要」としている人がいるのだから。原発問題では、依然として再稼動をもくろむ勢力が強力に活動している。自動車産業が電力の大口需要者であるという直接的な側面も合わせて、「脱自動車」も「脱原発」の有効な手がかりである。原子力を推進する者は、一

図14　地域別の世帯あたりエネルギー関連支出

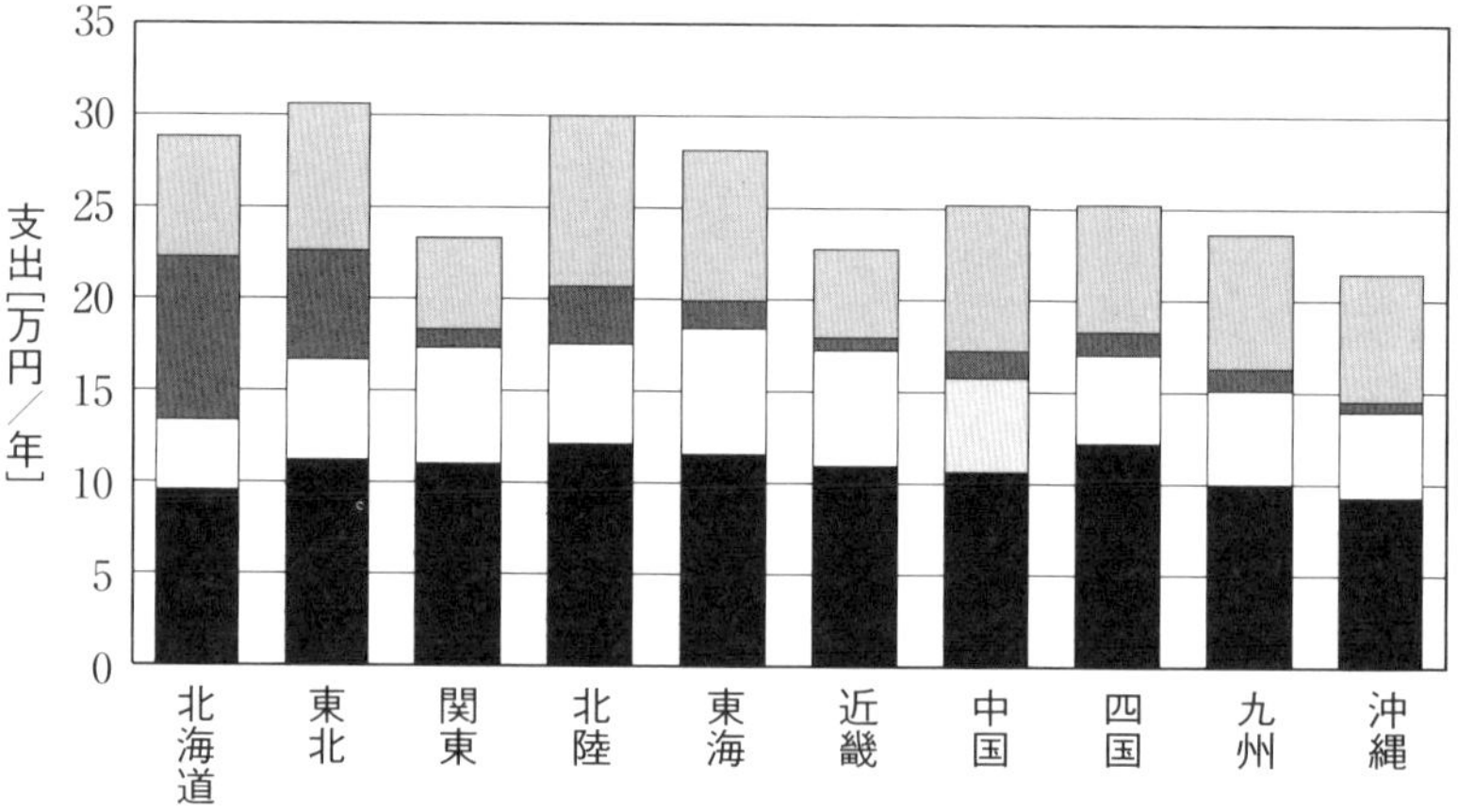

（注）■電気、□ガス、■灯油等、□ガソリン。ガスは都市ガスとLPGの合計。
（出典）家計調査年報より。

次エネルギー源として原子力の代わりに化石燃料を輸入することが「国富の流出」であると指摘している。それならば、なぜ自動車に起因する膨大な化石燃料の消費を指摘しないのだろうか。

エネルギー支出の減少が経済にはプラスになる

図14に統計（総務省「家計調査年報」http://www.stat.go.jp/data/kakei/2.htm）より国内の地域別の世帯あたりエネルギー関連支出を示した。調理と給湯は、平均的なライフスタイルの世帯であれば地域差は少ないと考えられる一方で、冷暖房と自動車用ガソリンについては地域差が大きい。関東・近畿のエネルギー関連の支出額が少ない理由は、大都市圏のため集合住宅が多く、世帯あたりの床面積が相対的に小さく、公共交通が発達しているため、自動車用ガソリンに関する支出が少ないからである。

いずれにしても、エネルギーを外部から購入すれば所得の流出につながる。逆にエネルギーを地域内で自給できれば、所得の地域外への流出が抑制され、その分を地域経済の活性化のために循環させることが可能となる。

また、国土交通省北海道開発局は道内を六地域（道央、道南、道北、オホーック、十勝、釧路・根室）に分けて、地域別産業連関表を提供している（http://www.hkd.mlit.go.jp/topics/toukei/renkanhyo/h10_renkan.html）。たとえば釧路根室についてみると、雇用者所得６６４１億円に対して、家計消費支出のエネルギー関係は３１６億円となっており、少なくともこの分はエネルギーの移入による地域所得の流出と考えられる。もしエネルギーが自給できて、その分が地域所得として残るならば、それだけ地域産業や雇用の創出につながる可能性がある。

電力と経済はもとより密接に関連する。電力関係者が「電力をふんだんに供給しないと経済が停滞する」と主張するのとは逆に、むしろ電力（商業発電の意味）への依存度を減らしたほうが経済にプラスになる。全国の家計消費部門において、電力会社からの電気の購入を３割減らす代わりに、その金額を他の消費部門に向けた場合、生産・付加価値・雇用への波及効果はどうなるかを産業連関分析により試算してみた。

その結果、付加価値（おおむねＧＤＰと同等）は家計迂回効果（家計が得た所得が再び消費に回る波及効果）を除くと４５１５億円のプラス、家計迂回効果を入れると７７０４億円のプラスとなる。また、雇用者所得は３９４２億円のプラス、雇用者数は34万人の増加となる。

したがって日本全体としては、家計部門が事業電力の購入を減らして、その金額を他の財・サービスの消費に向けたほうが、ＧＤＰ増加にも雇用にも効果が大きい。産業連関分析では、時間的な経過（波及の時間遅れ）が表現できない点と、生産額あたりの原材料・エネルギーの投入比率や雇用発生量が常に一定値として計算されるなど、結果が過大に出る傾向はあるものの、電力への依存度を減らしたほうが経済にプラスになる傾向は推定できる。

原子力施設立地による所得・雇用効果はあるのか

原子力事故のリスクは別として、原子力施設の立地が最終的に地域住民に貢献しているかどうかは現状を再検証する必要があるだろう。全国の１６７６市町村（２００８年以降に合併した市町村・政令市・区と、合併の結果として県庁所在都市に原発が立地することになった松江市を除く）について、総務省（「統計でみる市区町村のすがた」「市町村別決算状況調」）のデータを使用し、原発の立地がある自治体とない自治体を比較して、下記の諸項目の平均値について、統計的に有意差があるかどうか（平均値の差が偶然によるものかどうか）を検討した。その結果は表8のとおりである。

①全国の自治体を対象とした課税義務者あたり課税対象所得は、有意差がない。
②原子力発電所が集中する福島県・福井県の自治体に限定して検討すると、課税義務者あたり課税対象所得について有意差がある。
③全国の自治体対象では、労働力人口に対する完全失業者の比率について有意差がない。
④福島県・福井県の自治体でも、労働力人口に対する完全失業者の比率について有意差がない。
⑤全国の自治体対象では、就業者数のうち他市区町村に通勤する者の割合について有意差がある。

表8　原発立地の有無による社会・経済指標の差

	項　目	平均値		統計的有意差
		原発立地あり	原発立地なし	
①	課税義務者あたり課税対象所得(全国で比較)	290万円	288万円	なし
②	課税義務者あたり課税対象所得(福島県・福井県内で比較)	303万円	256万円	あり
③	労働力人口に対する完全失業者の比率(全国で比較)	0.05	0.06	なし
④	労働力人口に対する完全失業者の比率(福島県・福井県内で比較)	0.05	0.05	なし
⑤	就業者数のうち他市区町村に通勤する者の割合(全国で比較)	0.28	0.37	あり
⑥	財政力指数(全国で比較)	1.13	0.54	あり
⑦	人口あたり民生費(全国で比較)	12.9万円	11.4万円	なし

(注) 財政力指数とは自治体の財政力を示す指数で、基準財政収入額を基準財政需要額で除して得た数値の過去3年間の平均値。

⑥全国の自治体対象では、財政力指数について有意差がある。

⑦全国の自治体対象では、人口あたり民生費(福祉関係費歳出)について有意差がない。

①については、全国の市町村ごとに原発の立地あり・なしで比較すれば有意差がない。ただし、②で原発が集中している福島県・福井県内での市町村ごとに比較すれば有意差があり、原発の影響の可能性がある。③④の労働力人口に対する失業者の比率では、全国および福島県・福井県内での平均値には有意差がない。⑤のように就業者数のうち他市区町村に通勤する者の割合は有意差がある。すなわち、原発の立地が地元での雇用を産み出しているかどうかは統計的に明確な差はみられなかったと評価してよいであろう。

一方、⑥の財政力指数については明確に差がある。原発立地自治体では電源立地交付金などによって、いわゆる「財政が豊か」であることを示している。しかし、⑦のように人口あたりの民生費(社会福祉費・老人福祉費・

表９　原発お断り市町村

【北海道】稚内市／石狩市／せたな町／松前町／島牧村　【青森県】五所川原市／野辺地町／七戸町／六戸町／横浜町／東北町／おいらせ町／風間浦村　【岩手県】宮古市／久慈市／田野畑村　【秋田県】能代市　【山形県】鶴岡市　【福島県】南相馬市／浪江町　【新潟県】新潟市　【石川県】能登町　【福井県】小浜市　【三重県】熊野市／南伊勢町／大紀町／紀北町　【京都府】京丹後市　【兵庫県】香美町／新温泉町　【和歌山県】那智勝浦町／串本町／日高町／白浜町　【岡山県】備前市　【鳥取県】鳥取市　【島根県】江津市／益田市　【山口県】萩市／下関市／上関町（係争中）【徳島県】阿南市／美波町／海陽町　【愛媛県】宇和島市　【高知県】黒潮町／四万十町　【福岡県】糸島市　【大分県】佐伯市　【熊本県】天草市　【宮崎県】宮崎市／串間市　【鹿児島県】肝付町

（注）合併の経緯が複雑なため、当時の計画地域が属する現市町村名で示す。撤回後に別の核関連施設が立地した市町村は除く。

児童福祉費・生活保護費・災害救助費の合計）を比べると、有意差がない（もっとも、民生費が多ければ住民の暮らしの質が高いとは言えない）。いずれにしても、自治体の財政が豊かでも地域住民に帰属するメリットに差がないのであれば、原子力発電の立地が地域住民に貢献しているとは言えないのではないか。

原発受け入れ市町村とお断り市町村の比較

福島事故前までに全国で商用原発が立地した市町村は16（合併後）である。一方で、原発の計画が持ち込まれながら断った事例も表９のように意外なほど多い（原子力資料情報室『原子力市民年鑑』２０１３年版より一部修正）。原発を断った市町村と受け入れた市町村では、社会・経済的指標にどのくらい差が生じただろうか。前項と同じ統計から比較してみよう。ここでは福島県・福井県内での比較はなく、また統計の欠落のため⑦の人口あたり民生費は比較できなかったので、①③⑤⑥のみについて結果を示す。

その結果、原発を断った市町村と受け入れた市町村では表10のような差がみられた。

表10　原発受け入れ市町村とお断り市町村の社会・経済指標の差

	項　　目	平均値		統計的有意差
		原発受け入れ	原発お断り	
①	課税義務者あたり課税対象所得	290万円	261万円	あり
③	労働力人口に対する完全失業者の比率	0.05	0.06	あり
⑤	就業者数のうち他市区町村に通勤する者の割合	0.28	0.19	あり
⑥	財政力指数	1.13	0.35	あり

①課税義務者あたり課税対象所得について、立地ありの自治体で有意に高い。
③労働力人口に対する完全失業者の比率について、立地ありの自治体で有意に低い。
⑤就業者数のうち他市区町村に通勤する者の割合について、立地ありの自治体で有意に高い。
⑥財政力指数について、立地ありの自治体で有意に高い。

この比較では、原発を断った自治体よりも受け入れた自治体のほうが相対的には社会・経済的に効果があったと思われる。ことに財政力指数は、断った自治体の平均は０・３５であり、表８の原発が立地していない全国自治体の平均である０・５４よりかなり低い。

とはいえ、その他の指標については、統計的に有意な差はあるが、非常に大きな差というほどではない。ひとたび原子力災害があれば自治体が消滅してしまうほど甚大な影響を被るリスクに比べて、メリットと言いうるのか疑問である。

電力供給地の偏在と立地自治体の経済

電力の供給地と需要地は、地理的に不均衡に存在している。図15は関西電力供給範囲の府県について、どの府県で電力をどれだけ供給し、どれだけ消費してい

図15　関西電力管内での府県別需給の偏り

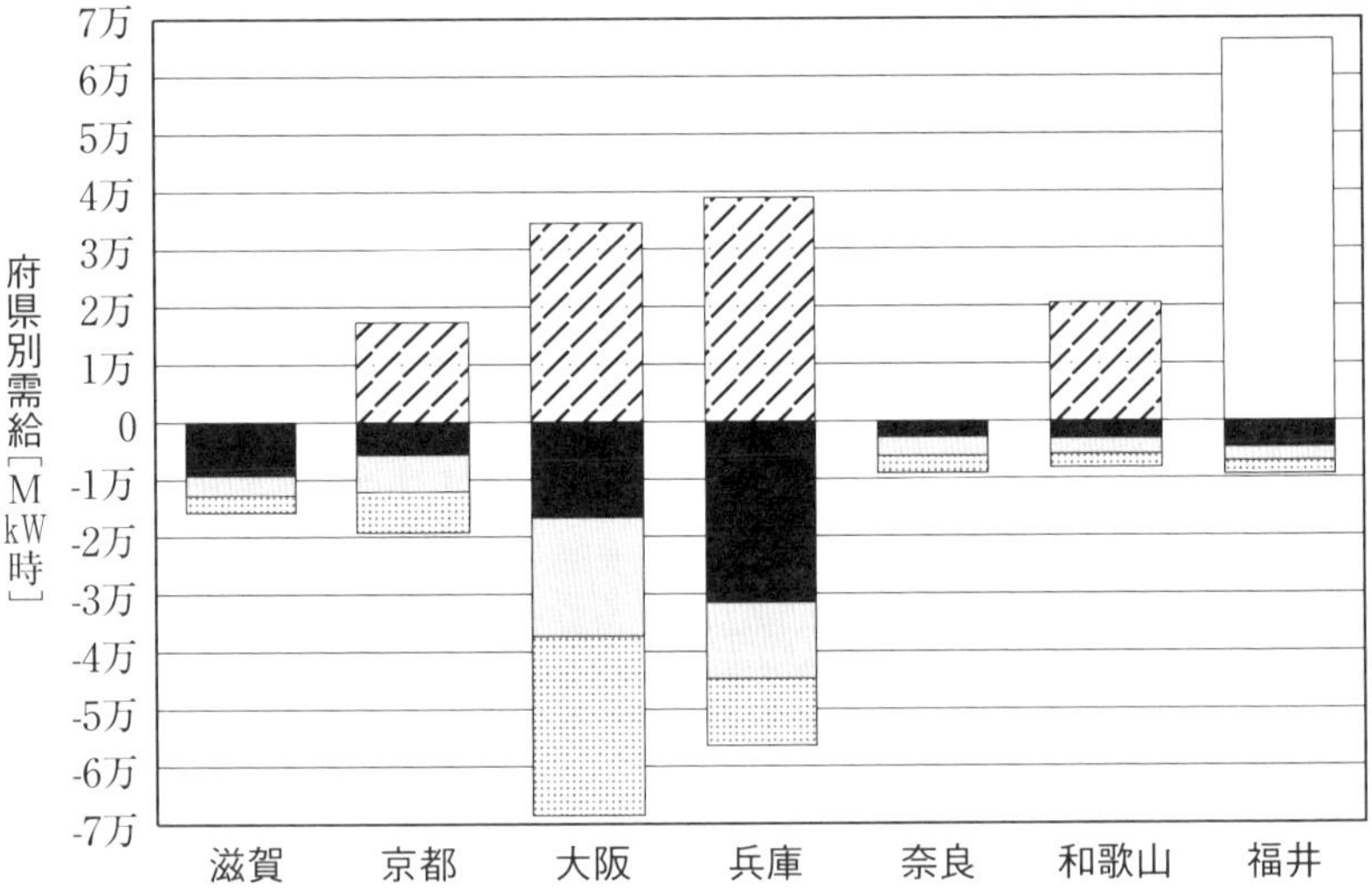

（注1）□原子力、▨火力、▤業務、■家庭、■産業。
（注2）このほか富山・岐阜・長野の各県が約7500万MkW時の水力による電力を供給している。
（出典）関西電力資料および経済産業研究所「都道府県別エネルギー消費統計」より推計。

るかを示すものである。ゼロより上が原子力・火力の電源別に府県ごとの供給量を示し、ゼロより下が業務・家庭・産業（製造業）別に同じく府県ごとの需要量を示す。全体で上下の棒の長さの合計は等しくなる。大消費地である大阪・兵庫は、自府県内でも発電しているが、他県から供給を受けている量のほうが多い。とりわけ原子力の供給地は福井県に集中している。

図16は、福井県立大学の資料（「原子力発電と地域経済の将来展望に関する研究　その1原子力発電所立地の経緯と地域経済の推移」２０１０年３月、福井県立大学地域経済研究所）より、福井県内の原発立地自治体における商業販売額の推移を示したものである。ただし、元の文献では実額表示（名目価格）になっているが、物価の上昇率を補正して実質価格に修正し、１９７０年を１００とした相対値で示す。

必ずしも原発だけの効果を抜き出して評価し

図 16　福井県の各原発立地市町と商業販売額の推移

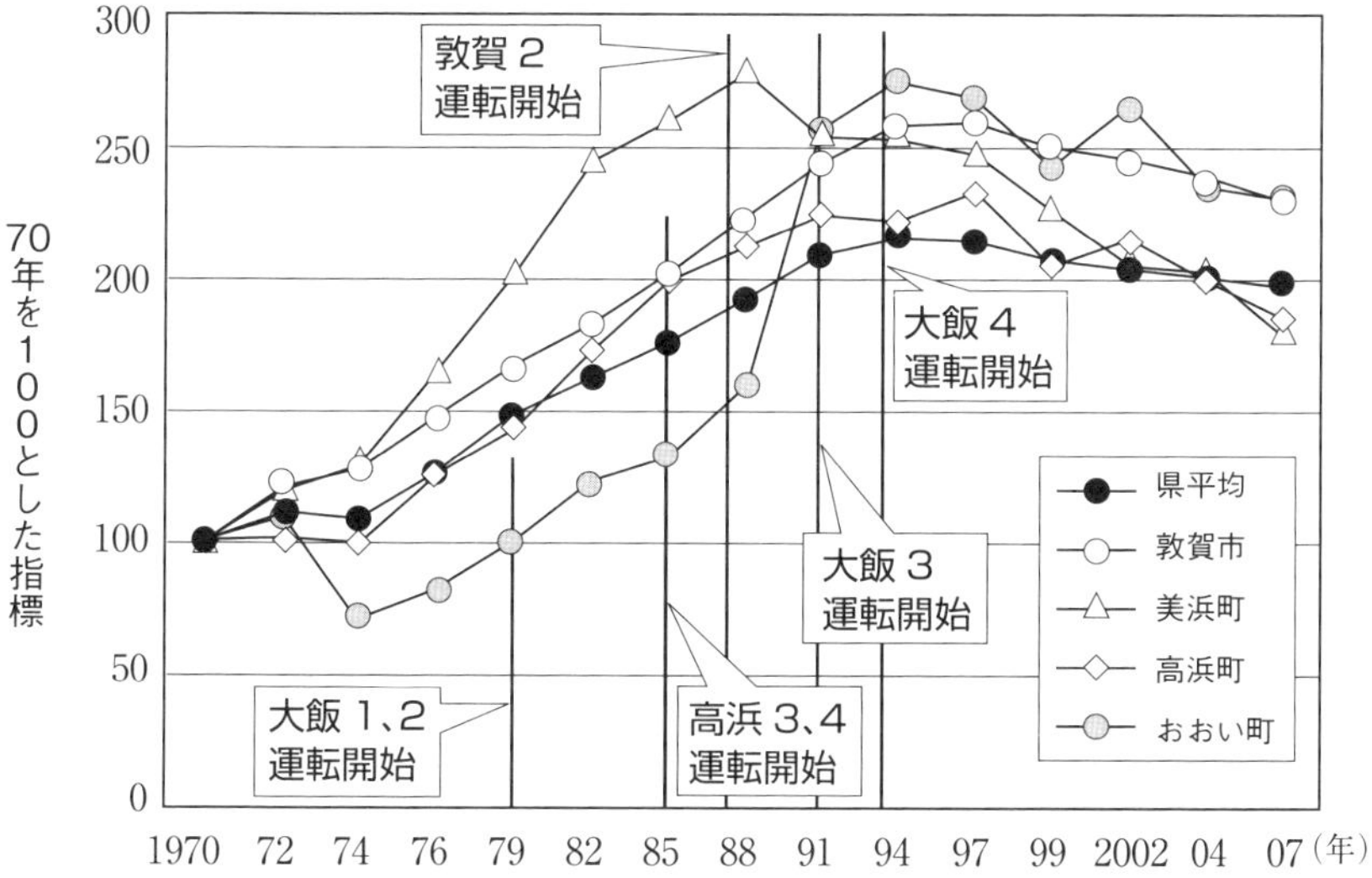

たものではないが、原発の新規建設期間には商業促進効果がみられるものの、運転期間に入ると横ばいになることがわかる。単に原発が立地しているというだけでは、将来にわたっての経済効果が期待できないと考えられる。

「自給」の意義

一般に「地産地消」は食の問題として語られるケースが多い。フードマイレージ、安全性、自給率の向上による食料安全保障などが、主な論点である。

しかし、工業製品でも無形のサービス財でも「地産地消」のしくみは同じである。その比率が高いほど地域に残る付加価値が大きくなる。企業を誘致して、地域の雇用と所得を増加させ、法人税収を増加させる方策はよくみられる。だが、その企業が地域外に経営基盤を有するのであれば、付加価値は地域外に持ち去られる分が多い。もちろんこの関係は、国内の地域だけではなく日本

図17　自給による経済効果のしくみ

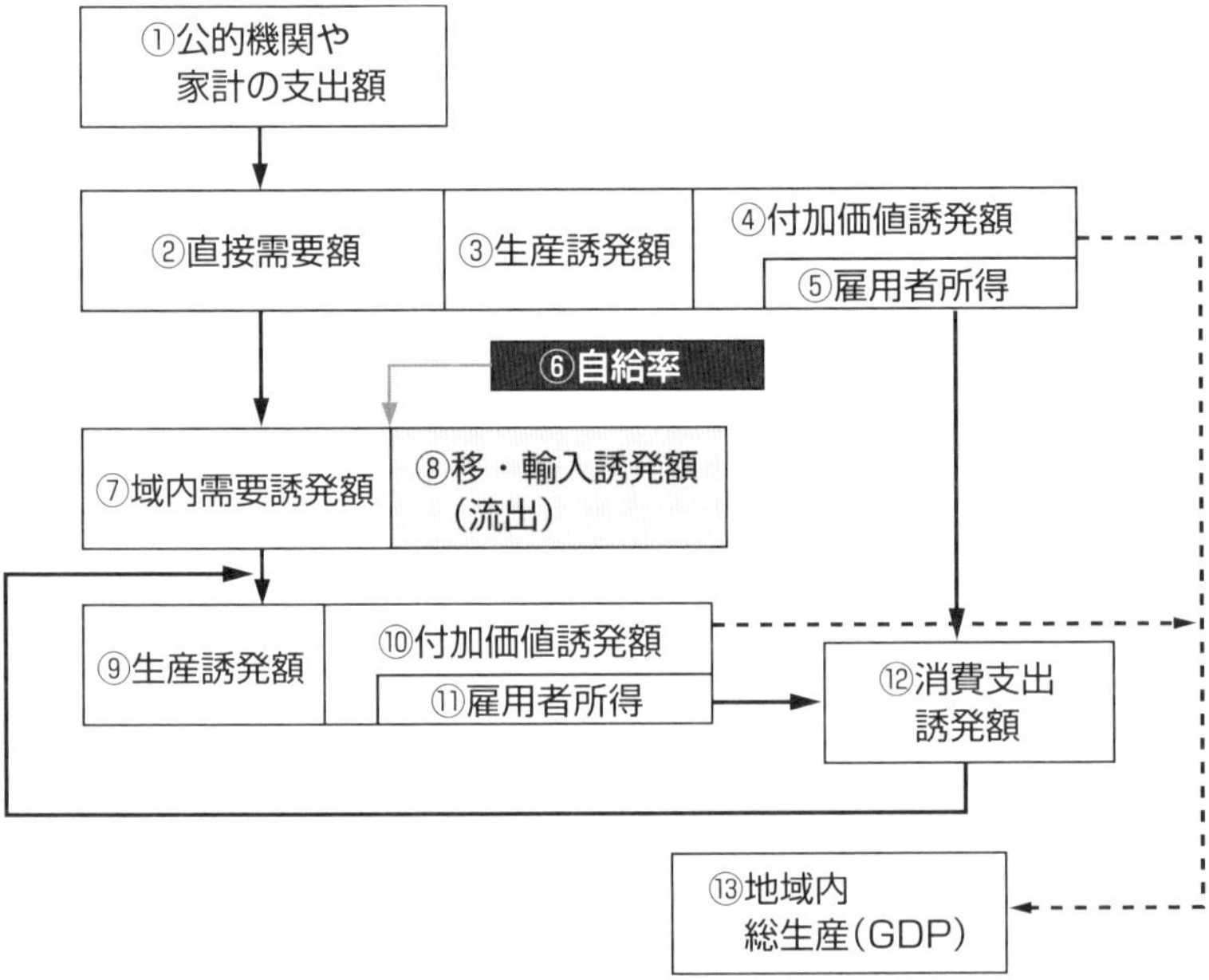

(注) 帯の長さは数値に対応しておらず、イメージである。

全体と海外についても同様である。

それぞれの産業部門で消費財やサービスの需要を増やすことは、たしかに地域のマクロ経済や雇用にプラス効果がある。同時に、環境やエネルギーの観点からは、画一的な消費の促進が望ましい方法とはいえないとの指摘も考えられる。これに対して、もう一つの要素は「自給率」である。国あるいは地域での自給率を高めることによって、地域の雇用者所得や雇用者数を増加させる効果が期待できる。その関係を図17で整理してみる。

まず①のように、公的機関(政府や自治体)と家計はさまざまな消費財やサービスを生産者から購入する。実際の市場では生産者価格に加えて商業マージン・運賃が上乗せされるが、その分は省略する。ここで生産のしくみを考えると、①と同じだけ②の直接需要額が生じ、加えて③の生産誘発額、④の付加価値誘発額が生じる。わかりやすくいうと、たとえば①で家計（消費者）が菓子を購入したとする。その菓子を製造するには、原材料・機材・電気やガスなどエネルギーなどが必要だから、⑦のように生産が誘発される。

ここに介在するのが⑥の「自給率」である。自給率は、生産に必要な供給全体のうち、⑦のように地域内（都道府県・市町村で考える場合）あるいは国内（国単位で考える場合）から供給される分を意味する。足りない分は⑥で移入（輸入）される。この⑦の分が、再び⑨の生産誘発額と⑩の付加価値誘発額を産み出す。⑩のうち一定の割合が⑪の雇用者所得である。すなわち⑦を大きくするほど、⑨と⑩が大きくなる。こうして、国あるいは地域での自給率を高めることによって、地域の雇用者所得を高めたり雇用者数を増加させる効果が期待される。

国の単位でみると、農業の自給率を現在より5％高めたとすると、付加価値（おおむねＧＤＰに相当）は約１５００億円増加し、８万人の雇用の増加をもたらす（総務省「産業連関表」より筆者推計）。自給率の概念は、農林水産業だけではなく製造業などすべての産業について存在する。各分野で自給率を多少高めるだけで、相当な付加価値を増加させるポテンシャルがある。この関係から考えても、ＴＰＰ推進が国内の経済に良い影響をもたらすかは疑わしい。

福井県立大学の試算（福井県立大学地域経済研究所「原子力発電と地域経済の将来展望に関する研究　その２原子力発電所による経済活動の特性と規模」２０１１年3月）によると、「産業連関表を用いた原子力発電所の経済波及効果の試算」において、原子力発電所の「建設時」「運転時＋定期点検」の経済波及効果を求めている。このうち「運転時＋定期点検」では、福井県内の原子力発電による生産・雇用波及効果を、県外で福井県が産出(原子力分)した電力が購入される量に起因する分とみなして、計算した。

福井県内の電力需要は北陸電力の敦賀火力1・2号機(敦賀市、設備容量500MW・700MW)と三国火力(坂井市、250MW)で、設備利用率70%としても、これだけで充足する程度である。一方で福井県内に立地する原発は関西電力の設備であり、2005年度の原子力発電所(13基、976・8万kW)の運転実績は645億kW時であった。これは県内需要の7~8倍にあたり、京阪神向けの需要に対応する設備である。

同じ試算では、県外電力需要額を2005年度産業連関表より3078億円としている。県外電力需要による雇用創出数を推計すると1万5503人となる。また、粗付加価値誘発額(企業の利益や家計の所得)は2649億円と試算されている。

これに対して、原発の全停止すなわち電力の県外移出・輸出額が消失したとして、代わりに県内の各産業部門における自給率(県内での生産比率)を相対的にどのくらい向上させれば、原発の運転と同じ雇用効果が創出できるかを試算した。県内での生産比率がもともと100%以上で自給率の変化が影響しない部門(建設業など)を除き、各産業部門の生産比率を5ポイント向上させる(たとえば食料品の自給率87%を92%、製材・木製品の自給率70%を75%など)と、福島事故以前の水準で原発を維持するのと同じ雇用効果が得られると推定される。

このように、原発立地地域が原発への依存の継続によってのみ経済を維持できるとは結論づけられない。他の分野の産業を活性化させたり新規に興すことによって、同じ雇用効果を得ることも可能である。少なくとも福井県においては、原発の新設はもとより福島事故前と同等の再稼働が困難になった事実のもとでは、原発に依存しない経済を検討すべきであろう。

結びに代えて●安倍政権の真の危険性

本書は主に技術的な観点から記述した。ただし、執筆の動機は安倍政権が憲法を改正して日本が海外で戦争に参加する体制を整えている状況と無縁ではない。「原子力のリスクは交通事故のリスクよりはるかに少ない」と説明する論者の次のテーマは、容易に想像できる。自衛隊員や随行する民間人が海外で戦闘行為やその支援に関与すれば、日本人の戦死傷者が生じることは避けられない。そのとき彼らは、「戦死傷のリスクは交通事故（あるいはその他の分野）のリスクより少ない」と言い出すであろう。現に2015年5月14日に安倍晋三首相は記者会見で、自衛隊員のリスクについて「いままでも1800人の隊員が殉職している」と発言した。

安倍政権は原発の再稼働の強行に向かっている。これに対して、「リスクを軽視（無視）して経済を優先するのか」という批判が加えられているが、その論点ならば、当否はともかく一つの主張であり、議論の対象にはなる。しかし、安倍政権の真の危険性は別にある。安倍政権の「戦前回帰」の発想に照らしてみると、むしろ大事故を暗に期待している面があるからだ。

筆者は先年、原発事故の避難に関する著書（『原発避難計画の検証』合同出版、2014年）を執筆した過程で、この問題に気づいた。これは、原発事故の際の住民保護の基本方針を定めているはずの原子力災害対策指針が「できるだけ住民を動かさない」方針に変質してきた経緯（https://www.nsr.go.jp/data/000024441.

pdf）からも読みとれる（なお、中国電力が山口県上関町に計画している上関原発が仮に建設されて福島事故と同レベルの事故を起こした場合、国会議員としての安倍首相の選挙区である下関市・長門市は、公衆の被曝限度である年間1ミリシーベルトをはるかに超える汚染レベルとなる可能性がある）。

これは戦時中の「防空」とよく似ている。水島朝穂は著書（『内なる敵はどこにいるか』三省堂ブックレット、1995年）で、こう指摘している。

「防空訓練の狙いは、空襲に対する備えというよりも、むしろ地方機関や市民を効果的に統制し、末端にまで管理を浸透させることに主な狙いがあった。「民間防空」ないし「国民防空」も、軍が行う「軍防空」と不可分一体の形で、国防目的に奉仕するものとして位置づけられていた。「民間防空」の目的は、国家体制の保護であって、国民の生命・財産の保護はその反射に過ぎなかった」

住民保護は最初から念頭になく、戦況が不利になるほど、それを中央集権体制の強化に利用したのである。

安倍政権は現在でも憲法無視・国会無視・司法無視で、すべてを「粛々」と踏みつぶしていく姿勢を露わにしている。原発事故についても、起きてもかまわない、むしろ事故を利用することを期待していると思われる。藤井聡は、国益を守るためにエネルギー政策は世論を考慮せず決めるべきであると述べ、さらに核武装にも言及している（『電気新聞』２０１２年10月12日）。

仮に福島事故の最悪事態で想定されたような大都市圏までも避難が必要となる緊急事態になれば、基本的人権を無効にして戒厳令を施行し、その恒久化までも視野に入れているはずだ。このことは自民党の改憲案（「日本国憲法改正草案」第98・99条）にも記載されている。民主党政権下で発生した福島事故では、「直ちに健康に影響ない」などの説明がむしろ市民の不安を増大させたが、安倍政権下ではそのようなレベルを超えて強力な情報統制・隠蔽が行われるであろう。しかも、原発事故に限らず、大規模な自然災害に際しても同じ危険性をはらんでいる。また、日本国外での武力行使への参加を通じて故意に緊急事態をつくり出すことも考えられる。

その一方で、現実に緊急事態に直面しても安倍政権（あるいはその後継政権）は何も具体的な責任を取らないだろう。自衛隊が海外の武力行使に参加すれば、隊員が交戦相手の勢力圏に取り残されるなどの事態はいずれ起こりうる。しかし、その際に政権は「適切に対処するように指示した」と繰り返すだけで、主体的な行動は起こせないし、官僚は前例のない事態には対処できない。これは福島事故とその後の対応、原発再稼働に対する姿勢、あるいはすでに海外で何度か日本人が遭遇した襲撃事件に際しての対応をみれば、容易に想像できる。

福島事故の初期段階での民主党政権（当時）の対応については、いまも多くの批判が聞かれる。だが、菅直人元首相が自ら現場に乗り込んだ行動には重要な意義があった。技術的な面からはその後の事故の推移にとくに影響を及ぼさなかったものの、政権が緊急事態に率先して取り組んでいるというメッセージを国民に伝えたことにより、パニックの拡大を防ぐ大きな効果があった。もしそうした姿勢を見せずに、安倍政権のように「コントロールされている」などと表面的なコメントを繰り返すだけであれば、収拾のつかないパニックを誘発したであろう。

電力会社は、短期的には政権と同調して原発を再稼働することが企業の利益に合致するかもしれない。だが、いずれ大きな矛盾に直面することになる。先の大戦で軍需産業がどうなったかを顧みれば、それは理解できる。一時的に繁栄した時期もあったが、戦局が厳しくなるにつれて採算割れし、装備の納入を強要されるなど、企業としての存在意義を失っていく。そして、資材の不足と無理な生産で粗悪品を前線に送り、将兵の生命を危険に陥れたあげく、ついには米軍の戦略爆撃により物理的にも壊滅したのである。

軍需産業（いわゆる重工メーカー）の場合、数量の少ない特殊製品を個別に製造する仕事は効率が悪く、安倍政権における武器輸出解禁にもかかわらず、ビジネスとして魅力が乏しいという（秋山謙一郎「ＤＯＬ特別レポート」『ダイヤモンドオンライン』２０１５年６月22日）。しかも、輸出した製品で思わぬトラブルが起きれば、巨額の補償を請求される事態にもなりかねない。原発についても、ひとたび過酷事故が発生した際、民間企業である電力会社は、現に東京電力がそうであるように、破綻の危機に瀕する。そうなっても、政権は意に介さないであろう。

仮に強い地震に際して期待どおり原発の防護対策が機能し、冷温停止に成功したとしても、その時点で重要部分が損傷している可能性がある。その状態から営業運転に復帰するには、多大な費用と時間を要する。発電しないのなら、現在の商用原発全停止と同じことだ。東日本大震災では、福島県・茨城県の海沿いに立地する大きな火力発電所も福島原発と同等に被災したが、直ちに復旧に取りかかり、同じ年の夏には営業運転に復帰したユニットもあった。今後数十年にもわたって後処理を続けなければならない原発とは、まったく異なる。電力会社にとってこそ、脱原発は予防的な安全策である。

２０１５年６月

上岡　直見